団地再生・まちづくり
プロジェクトの本質

団地再生まちづくり3

文化とまちづくり叢書

団地再生支援協会
NPO団地再生研究会
合人社計画研究所 編著

水曜社

序――「成熟したまち」へのプロセスデザイン

東京大学 准教授　大月敏雄

アライアンスと多様な契約形態

リノベーション物件を各種調査していた海野一希君という修士の学生が、リノベの事例の成り立ちをいろいろと調査してきたのだが、話が複雑なのでどうまとめたらいいかという相談を受けた。話を聞いて思ったのが、われわれはやはり建築の人間なので「設計事務所」に目線を置きつつ物事を解釈してしまうが、多様にかかわるプロデューサー、マーケッター、不動産仲介業者などの目線に立ってみると、それぞれがどのように商売を「回していく」のかが気になってきた。

ごく一般的に、戸建て住宅を中心に「回している」設計事務所なら、設計・監理契約というのを基に施主からお金をいただき、施主と施工業者間の工事請負契約を取り持つといったところが、身近で典型的な「契約」であろう。だが、リノベ物件においては、それぞれの業者がどのような契約に基づいて商売を「回して」いるのかという視点で整理すればおもしろいにちがいないと思ったのだ。その結果、設計事務所をリノベで回すためには、多様な契約形態と異業種間のアライアンスが重要だろうということになった。

こんなことが縁で、海野君が修士論文でお世話になった福岡市の建築家に話を聞きに行った。井手健一郎さんという、福岡市内で多くのリノベ物件を手がける、34歳の若手建築家だ。大学の建築学科を卒業後、2つの設計事務所で修業し、26歳で自らの設計事務所をパートナーとともに開いた。今も使っている事務所は、このとき人づてに探し当てた古いアパート。昭和40年前後の物件に見える。入るときに大家さんから「自分で手を入れること」というユニークな条件が与えられた。そこで、大工である父に資材のみ提供し、父のサポートを受けながら、ほぼセルフビルドでアパートの内装をやりかえて入居。事務所開きのとき、ほとんどの住民が高齢者だというこのアパートに、珍しく若者があふれかえった。大家さんはその様子と、改修された事務所を見て「おーっ」と言ったそうだ。結構よくできていたのである。これを見た大家さんは、井手さんに自分のもつほかの物件の改修を依頼。これが事務所最初の仕事となり、それが評判となり、次々とリノベ物件の依頼がくるようになった。まるでわらしべ長者みたいな話だが、いくつかの物件をこなすうち、井手さんは多様な不動産専門家などと柔軟にアライアンスを組みながら、リノベ全体を回していくいろんな知恵を修得した。

たとえば、リノベ物件をどう値づけすればいいかはたいてい未知数だ。そこで、知り合いの古い物件の不動産仲介が得意な専門家に検討してもらったうえで、事業が成り立つことを施主に示す。もちろん、不動産専門家には何がしかのメリットが必要だ。そこで、当該物件の不動産仲介を、期間や手数料などに特別の条件を付けて1社に任せる専任媒介契約をかませることによって、リーシング（貸し付け）のリスクを減らす。つまり、値づけと客探しをアウトソーシングするのである。また、この間の耐震診断などのフィーを確保するために、設計・監理契約とは別に調査費確保のための契約を別に結ぶようにした。

また別の物件では、このやり方に加え、ビル経営を得意とする別の不動産専門家が施主と「コンサルティング契約」を結び、施主の要望を一手に引き受け、一種のプロマネの役割を果たして、設計者は設計業務に専念できるというスタイルをとっている。つまり、施主に対しては「コンサルティング契約」をもとに別の不動産専門家が対応し、客に対しては「専任媒介契約」をもとに別の不動産専門家が対応する。これらにはさまれた形で、設計者が腕を振るうという仕組みである。もちろん、これらの関係者（ステイクホルダー）の間には綿密なやり取りがあるのが前提である。

たんなる一事例ではあるが、この事例は小生にとって、リノベをめぐる仕事の専門性の絡み合いをきちんと理解するのに大変役立った。たしかに、リノベをめぐるこうしたアライアンス的な仕事のやり方は、大手企業の物件においてはあたりまえかもしれないが、多くの、事務所を回していくだけが精いっぱいの若手建築家にとっては、おいそれと手が出るような領域ではないし、身近にそんなに便利な不動産専門家がいるわけではない。

しかし、井手さんはこうした他領域の専門家と、いろんな勉強会や人とのつながりのなかで出会っているという。そこで人に出会い、勉強する。こうして専門家同士の「アライアンス」と「多様な契約」を基にした、新たな、設計者像が結ばれていくのではないかと思う。特に、ストック再生系の仕事においては、小ロットでもこのような設計者像が明確に結ばれなければならないだろう。

向かうべきは「ハイブリッドなプロセス」

また一方で、ストック再生に話が至るとき「保存・改修・再生」vs「建て替え」という議題がよくのぼる。保存も改修も再生もはっきりと異なる現象なのに、世の多くの人々は、これらの諸行為を「建て替え」とは対をなす概念として捉えている。おそらくその理由は、建て替えの方が「金が動く」というイメージが強いからだろう。つまり、建て替えて新築をなせば、新たに金が動き、経済が発生する。きっとこの紋切り型のイメージは、20世紀の後半の約半世紀に日本において（厳密にいうと先進諸国では日本だけにおいて）、定着したイメージである。結論的に言えば、「保存・改修・再生」vs「建て替え」という議論の建て方自体が、不毛でナンセンスである。

先に述べた、福岡の井手さんの話だと、最初から「リノベをしてください」という話はほとんどこないそうだ。「こんな物件をもっているんだけど何とかしてほしい」という持ち込まれ方をするそうだ。それはあたりまえのことで、施主からすれば損がなく、業として成り立っていればいいのであって、新築であろうがリノベであろうが関係ない。むしろ、新築で大きな借金をしなければならなくなると、それこそ「回っていかない」。でも、世間一般では相も変わらず、「保存・改修・再生」vs「建て替え」という不毛な議論が続く。おそらくそれは、小規模な施主の立場を理解していないからなのだろう。

一方で、世の中には何が何でも「保存・改修・再生」という人もいるようだ。私はこれまで同潤会アパートの保存活動にかかわったこともあるのだが、その後、保存の好きなある建築家が私にこう述べた。「最近どんな保存に取り組んでるの?」。私には正直「?」な感じだった。私は何も「保存活動」を人生のテーゼとして生きているわけではなく、アパートの居住者のこと、界隈のこと、都市のこと、文化のこと等々を私なりに斟酌した末に、保存の活動を行ったまでだったのに。

たしか、J・ジェイコブズは、「まちにはいろんな年代の建物があることが大事だ」てなことを言っていた。また、ルイス・カーンは「いいまちというのは、子どもがまちをうろついているときに『将来こんな仕事をしたいな』と思う場面を用意できる場所だ」てなことを言っていた。このことを考えるとストックの再生の向かう世界の「入り口」はジェイコブズで、「出口」はカーンなのかもしれないなと思ったりもする。つまり、みんながそれぞれの動機と経済原理に従って「保存・改修・再生・建て替え」を選択した結果、多様な建築物から構成されるまちとなり、多様なまちに多様な人々が暮らしを立てることによって、次世代をまち自体が育むようになる。こんなまちのことを、持続性のあるまちというべきであろうし、それを私は「成熟したまち」と呼びたい。

そこに至るプロセスは、二項対立的不毛な議論を誘発する「原理主義」同士の競争なのではなく、「保存・改修・再生・建て替え」が同時並行して進むハイブリッドなプロセスでなければならないだろう。

序──目的は「長く使いつづけられる」建築環境をつくること

前 明治大学教授／一般社団法人 団地再生支援協会 副会長　澤田誠二

本書は『団地再生まちづくり』（2006年）、『団地再生まちづくり2』（2009年）に続く3冊目の「団地再生を考える」のまとめである。これに2002年刊行の『団地再生のすすめ』（マルモ出版）を加えると、すでに300名あまりの方々が「団地再生を考える」活動に参加したことになる。

最初の本は、1999年にドイツで開催された「老朽化住宅団地の再生」国際会議を機に発足した団地再生研究会の海外事情紹介的な内容だった。その後、海外でも国内でも団地再生を取り巻く社会環境には変化があった。4冊の本のタイトルを並べてみると、この間の変化の様子が浮かび上がってくる。

- 2002年 団地再生のすすめ―エコ団地をつくるオープンビルディング
- 2006年 団地再生まちづくり―建て替えずによみがえる団地・マンション・コミュニティ
- 2009年 団地再生まちづくり2―よみがえるコミュニティと住環境
- 2012年 団地再生まちづくり3―団地再生・まちづくりプロジェクトの本質

2000年頃は国土交通省の〈ストック再生〉政策に呼応する建築技術テーマが中心だった。それが2005年前後からストック再生がマンション対象に絞られ、それに伴い再生プロジェクトの創出の際の区分所有法やマンション管理システムの見直しが始まっている。

また、この時期から少子化社会、超高齢社会、脱 温暖化などが国の政策課題に取り上げられた。そのことは同時に〈社会システム〉の変革が意味し、地域分権化や地域に立脚する各種NPOの編成も進んだ。つまり、団地再生についていえば、従来の〈公・私〉という関係から〈公・共・私〉という役割分担が必要になってきたのである。

「団地再生を考える」活動のハブ組織が、団地再生研究会から団地再生産業協議会に発展し、一般社団法人 団地再生支援協会へと衣替えしたのは2009年だが、それまでの「団地再生を考える」活動の系譜を参照して、次の指針を掲げた。

■わが国の団地再生プロジェクトにはさまざまな規模・構成・立地のものが存在する。

■団地再生プロジェクトとは〈コミュニティの再生（活性化）〉、〈住環境の再生（快適化）〉、〈ハウジング経営の再生（経営効率の向上）〉という3つの「再生」に対応することである。

■支援協会は、団地再生プロジェクトに関する情報を集積し、プロジェクトの計画・実施にかかわる主体組織の活動を支援する。

本書『団地再生まちづくり3』は以上の経緯からできあがったものだ。物事の本質を立体的に理解するには、住生活の変化を「共時的」かつ「経時的」に把握するのが有効であるとして継続した「団地再生を考える」活動の中間的総括であり、この指針に沿う内容の体系化とした。

現在の日本社会は〈国際化〉から〈グローバル化〉への転換を迫られている。団地再生まちづくりとは、そのなかでの〈ローカル化〉を計画し、実施していくことである。現在の団地再生まちづくり活動の状況を俯瞰すると、地域コミュニティ活性化のための文化交流や、住環境再生用の各種資材の入手についてはグローバル化が盛んである。したがって、団地再生まちづくりはそれらを包含できる「長く使いつづけられる」建築環境をつくる行為と考えなければならない。

序
2 「成熟したまち」へのプロセスデザイン
大月敏雄　東京大学 准教授
6 目的は「長く使いつづけられる」建築環境をつくること
澤田誠二　前 明治大学教授／一般社団法人 団地再生支援協会 副会長

第1章 絆を深めて賑やかなまちに
14 コミュニティ再生の処方箋　「人と人をつなぐもの」に目を向ける
柴田尚子　株式会社市浦ハウジング&プランニング
19 住みつづけられる集合住宅団地　東京・板橋「サンシティ」のふるさとづくり
中村直美　株式会社アークブレイン
25 自治会による人間性豊かなまちづくり　千葉幸町団地のコミュニティ形成過程を見る
長岡正明　千葉幸町団地自治会 会長
32 「普段のつきあい」が力を生む　地縁も血縁もない武庫川団地の自治会活動
橋本宗樹　武庫川団地自治会 副会長
37 場の共有から生まれるつながり　学生たちの「まちなかラボ」から見えたこと
和田真理子　兵庫県立大学政策科学研究所 准教授
42 住民の〈楽しみ〉がコミュニティをつくる　兵庫・西宮市「浜甲子園団地」の菜園づくり
水野優子　武庫川女子大学 生活環境学部生活環境学科 助教
47 再生のカギは「子どもたちとまちづくり」　誇りと活気を伝えていく泉北ニュータウン
堀口久義　堺市建築都市局参与（ニュータウン地域再生担当）

第2章 住まい方を考える

54 今こそ「大家族制」の導入を　何世代もの人が一緒に住む再生のあり方
布谷龍司　執筆時：NTTファシリティーズ シニアアドバイザー

60 団地はこれからの「ふるさと」　〈企業遊牧民〉の思いが再生を牽引
岡本 宏　一般財団法人住総研 専務理事

65 「女性だけの共同体」が秘める可能性　ベギン会に見る新しい居住の形態と理念
河村和久　建築家／マインツ工科大学 建築学科 教授

70 人の心を癒やす「建築の創造性」　がん患者のためのマギーセンターから学ぶ
佐藤由巳子　佐藤由巳子プランニングオフィス

76 団地に根ざしたアーカイブ施設　建て替え後に残る記憶の意味
市川尭之　井本佐保里　東京大学博士課程／赤羽台プラス

第3章 団地と地域の再生マネジメント

82 住民の手で団地をグレードアップ　住環境を改善して資産価値を高める
秋元孝夫　特定非営利活動法人 多摩ニュータウン・まちづくり専門家会議 副理事長

87 自由放任都市を超える団地再生　日本の公共住宅のポテンシャルを活かそう
永松 栄　宮城大学 事業構想学部 教授

93 都市計画・まちづくりの観点から　パブリック・スペースが再生のカギ
倉田直道　工学院大学 建築学部 教授／都市デザイナー

98 「社宅団地」が秘める可能性 地域で活かして多彩なまちに
菅原康晃 地の知計画館

103 団地にもエリアマネジメントを 省エネと防災、見守りを踏まえたまちづくり
早坂房次 一般社団法人 エリアマネジメント推進協会 理事

第4章 今ある資産に手を入れて

110 団地再生と生活空間の可能性を問う 向ヶ丘第一団地ストック再生実証試験から
星田逸郎 株式会社星田逸郎空間都市研究所

116 関東大震災と第二次世界大戦からの復興 ストック利用とまちづくりのマネジメント
石榑督和 明治大学理工学部 助手／明治大学大学院 博士後期課程

121 アジアの団地再生を考える マレーシアの居住者による自主的な住戸改造
生田京子 名城大学 理工学部 准教授

127 住みつづけられる集合住宅 快適な「100年マンション」をめざすには
千代崎一夫 住まいとまちづくりコープ 代表

133 「マンション」という器での暮らし方 固有の「よさ」を活かした再生事例
岡田仲史 さくら事務所

137 古い団地の魅力を知って、新たな時へと繋《つな》ぐ 新しくなくてもいい！ 時を含んだ今にする
北出美由紀 どりーむ編集局 副編集長

142 「ランドスケープ・リニューアル」のススメ 資産価値を保つ豊かな屋外空間をどうつくるか
奥茂謙仁 株式会社市浦ハウジング＆プランニング 取締役 東京事務所副所長

147 団地の元気は「浴場」から　お風呂から考える団地再生
田中 孝　有限会社タナカ建築設備 代表取締役

152 旧社会主義国が生んだ団地再生の象徴　ライネフェルデ市「日本庭園」取材に込めた思い
政井孝道　元 朝日新聞記者

第5章 サステナブルな暮らし方

160 環境に対して「開く」ことの大切さ　コミュニティ計画とエネルギー計画の近似性
小玉祐一郎　神戸芸術工科大学 教授

165 マンション住まいはエコライフ　エネルギー効率に優れた構造を活かす
鶴崎敬大　株式会社住環境計画研究所 研究主幹

171 パッシブソーラーと集合住宅　自然エネルギーに寄りそう暮らしと団地再生
竹本千之　自然エネルギー研究所

第6章 専門家の役割とは

178 非常時に役立つ「日常のつながり」　仙台・宮城の地域コミュニティ再構築を考える
大沼正寛　東北工業大学 ライフデザイン学部 安全安心生活デザイン学科 准教授

183 調和と変化と連鎖の風景　岡山県営住宅の建て替えを振り返る
阿部 勤　建築家

189 団地再生に問われていること　「新・建築士」の役割について
藤本昌也　現代計画研究所 代表／日本建築士会連合会 会長

194 ヨーロッパの団地に学ぶ 「住まいの楽しさ」は遊び心と温かい気持ちから
寺澤達夫 全国有料老人ホーム協会 参与

199 団地の記憶を引き継ぐために 面影を残しながらまちを更新する
新山直広 第6回団地再生卒業設計賞 内田賞

団地再生に取り組む――活動報告

206 都市住宅学会関西支部「住宅団地のリノベーション研究委員会」 大坪 明 主査／武庫川女子大学 教授

208 都市住宅学会中部支部「住宅市場研究会・住宅再生部会」 村上 心 椙山女学園大学 生活科学部 教授

210 独立行政法人 都市再生機構 技術研究所 渡辺恵祐 所長

212 NPO法人 ちば地域再生リサーチ 鈴木雅之 事務局長／千葉大学 助教

214 NPO法人 多摩ニュータウン・まちづくり専門家会議（略称＝たま・まちせん） 松原和男 事務局長

216 一般社団法人 ESCO推進協議会 布施征男 事務局長

218 一般社団法人 団地再生支援協会 安孫子義彦 副会長／基礎研究部会長

執筆者プロフィール／団地再生に関する参考書籍

第1章

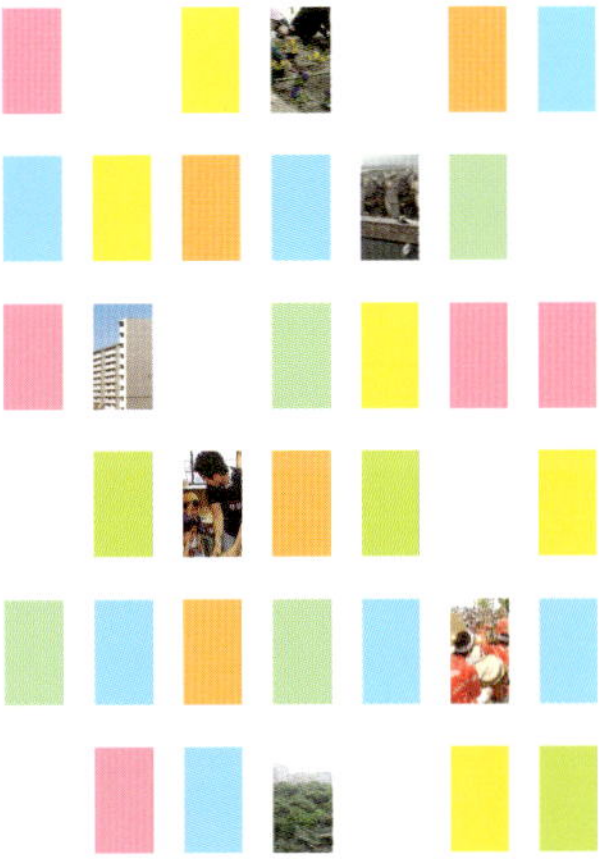

絆を深めて賑やかなまちに

無数の人が集まり暮らす団地。供給のピークは昭和30年代後半から昭和50年代前半だった。古い団地が社会的ストックとして増えているため、建て替えや改修によるリノベーションが必要となっている。その一方、居住者の高齢化が進み、若年層の入居も進まないため、団地内のコミュニティが維持しにくいという課題を抱えている。人と人の絆を深め、いつまでも賑やかなまちに——。住民や自治会、大学など、さまざまな主体による試みを紹介しよう。

コミュニティ再生の処方箋

「人と人をつなぐもの」に目を向ける

人の入れ替わりが進むまちでは、いつの間にか「変化」が生じる。しかし、旧住民と新住民とをつなぐことはなかなか難しい。大阪市の上町台地界隈で行われているプロジェクトを通じて人と人、人と地域をつなぐ役割について考える。

株式会社市浦ハウジング&プランニング　柴田尚子

しばた・なおこ
1984年大阪市生まれ。2008年3月京都大学大学院工学研究科都市環境工学専攻修了。同年4月より現職

言いようのない違和感

いきなり団地以外の話で恐縮だが、先日、久しぶりに実家に帰ると、細い道路を挟んだ向かいの立派な和風の一軒家が、外壁一面黄色の建て売り住宅に変わっていた。どうやらこの住宅だけでなく、町内には新しい建て売り住宅がほかにもあるようだった。変化の少なかった地域で、目に見えて「変化」が起こりはじめていた。

筆者の実家は、大阪市南東部のいわゆる下町で、大小の戸建て住宅、町工場がひしめき合っている。長屋も多く残り、ご近所づきあいも多い。現在でも毎年、地蔵盆や地車を引っ張るお祭りが行われているような地域である。

この「変化」に言いようのない「違和感」を覚えた。自分の生まれ育った地域が変わることへの違和感だろう。そしてこの変化は、どうやら地域コミュニティそのものにも影響を与えてきているようだった。

「この辺は知ってる顔ばっかりやったのに、どんな人が住んでるのかもわからんようになってきた」と、生まれてずっとこの地に暮らしてきた母親が、不安げにふとつぶやいた。一方で、こんなよい影響もある。毎年町内の子どもが引っ張るだんじり。私が子どものころは両手で数えるほどの人数で、となりまちの活気にいつも圧倒されていたが、先日数年ぶりに見てみると、子どもの数が増え、少しだが活気も戻っていたのだ。

少々私事が長くなりすぎたが、このような「変化」は特別な話ではない。古くから続く住宅地ではどこでもあり得る話だろう。

大阪の上町台地界隈

ここでもう1つ大阪の〝まち〟を紹介したい。筆者が大学院時代に研究フィールドにしていた上町台地界隈（図1）である。

大阪市中東部に位置する上町台地界隈は、都心部にありながら、寺社や長屋、路地などの地域固有の〈資源〉が多く残る魅力的な地域である（図2）。一方で、その利便性の高さや住環境のよさから人口の流入が進み、高層マンションの建設が増加しているなど、大きく「変化」している地域でもあるのだ。そこでは、古くからの地域住民と新たに流入した住民の価値観の違いなどから、新たな問題も見受けられているという。

将来にわたって、この地域独自の魅力を持ちつづけることが望まれるが、たんに住民が増えるだけでは、こうした〝資源〟が地域住民によって継承されず、ただ利便性が高いだけのまちになってしまう可能性もある。

上町台地界隈では、そのさまざまな地域状況の変化のもとで住民が中心となり、新旧含め多様な価値観をもつ住民をつなぐ「媒体」となり得るまちづくり活動が多数展開されている。たとえば、長屋再生などを行い、魅力的なまちの保存・再生に取り組む活動や、コリアタウン界隈での多文化共生を目指した活動、お寺が並ぶ界隈で寺院を開放し、文化・芸術活動を行う取り組みなどがある。

このような界隈で取り組まれている小さな試みを紹介しよう。

人と人、地域をつなぐ

上町台地界隈の中央部にあるＮＥＸＴ21という集合住宅（※1）で、２００７年から、人と人、人と地域をつなぐ小さな試みが始まった。集合住宅1階にガラス張りの小さな展示空間「上町台地コミュニケーション・ルーム（Ｕ―ＣｏＲｏ＝ゆーころ）」を設置して、地域にまつわる情報を集めたり、発信したりするプロジェクトである。

展示テーマは、「上町台地　子どもと遊び　いま・むかし」（今と昔の子どもの遊びや遊び場にまつわるエピソード）、「上町台地となにわ伝統野菜物語」（なにわ伝統野菜を栽培している住民の方々のエピソード）など、地域特有かつ地域に密着した内容となっている。

企画から展示までは、次のような手順で進む。①プロジェクト運営メンバー（※2）で展示テーマを話し合い、決定する。②運営メンバーが、地域住民へ芋づる式にインタビューを行い、テーマに沿った情報・エピソードを収集する。③集まった情報を、運営メンバーが展示パネルやリーフレット（手のひらサイズに展示内容を凝縮した冊子）などに加工する。④それらを新規居住者の住む集合住宅1階の小空間「U－CoRo」のガラスウォールに展示する（約3～4か月間）。

ポイントは、今までまちづくりなどに興味のなかった地域住民を巻き込みながら情報を集める過程（②）、そして、その情報を、新規居住者をはじめとする近隣住民が受け取る過程（④）の2点である。さらに、展示期間中に、関連イベントを開催し、情報を提供した住民や展示を見て関心を寄せた住民などの実際の交流の場となっている。また、U－CoRoの直上の集合住宅の居住者が、U－CoRoで得た情報から、地域の祭りに参加したり散策をしたという話も聞かれ、人と地域がつながるきっかけとなっていることが窺える。

このようにして、このプロジェクトは人と人、人と地域をつなぐ媒体の役割を果たすものとして期待されている。最近では、情報を受け取る側であった集合住宅の居住者が、なにわ伝統野菜を栽培しはじめ、その栽培状況をU－CoRoを通じて発信するという展開も生まれつつある。

ただし、このプロジェクトの特殊な点として、この集合住宅では、※1にある通り大阪ガスの居住実験が行われており、その居住者は少なからずまちづくりなどに関心をもっている。またこのプロジェクト自体も、居住実験の1つとして取り組まれているので、少ないながらも活動資金があるという特殊な条件がある。しかし、活動資金の有無にかかわらず、インタビューに応じ、さまざまな情報を提供している多くの地域住民の方々の無償の協力なしには成り立たないものである。

プロジェクトを動かす運営メンバーが重要なのはいうまでもないが、それを意味あるものにするために多くの住民の参加・協力がなくてはならないのだ。そのためにもこのように参加するための敷居が低く、いつの間にかプロジェクトに巻き込まれたり、身近なテーマや顔の見えるようなエピソードで情報提供するしくみは意味があるのだろう。２０１２年3月30日をもって、U－CoRoプロジェクトはいったん終了となったが、次のステージに向けたさらなる展開を模索中

図2：上町台地界隈（長屋や寺院など）

図1：上町台地界隈とU-CoRo

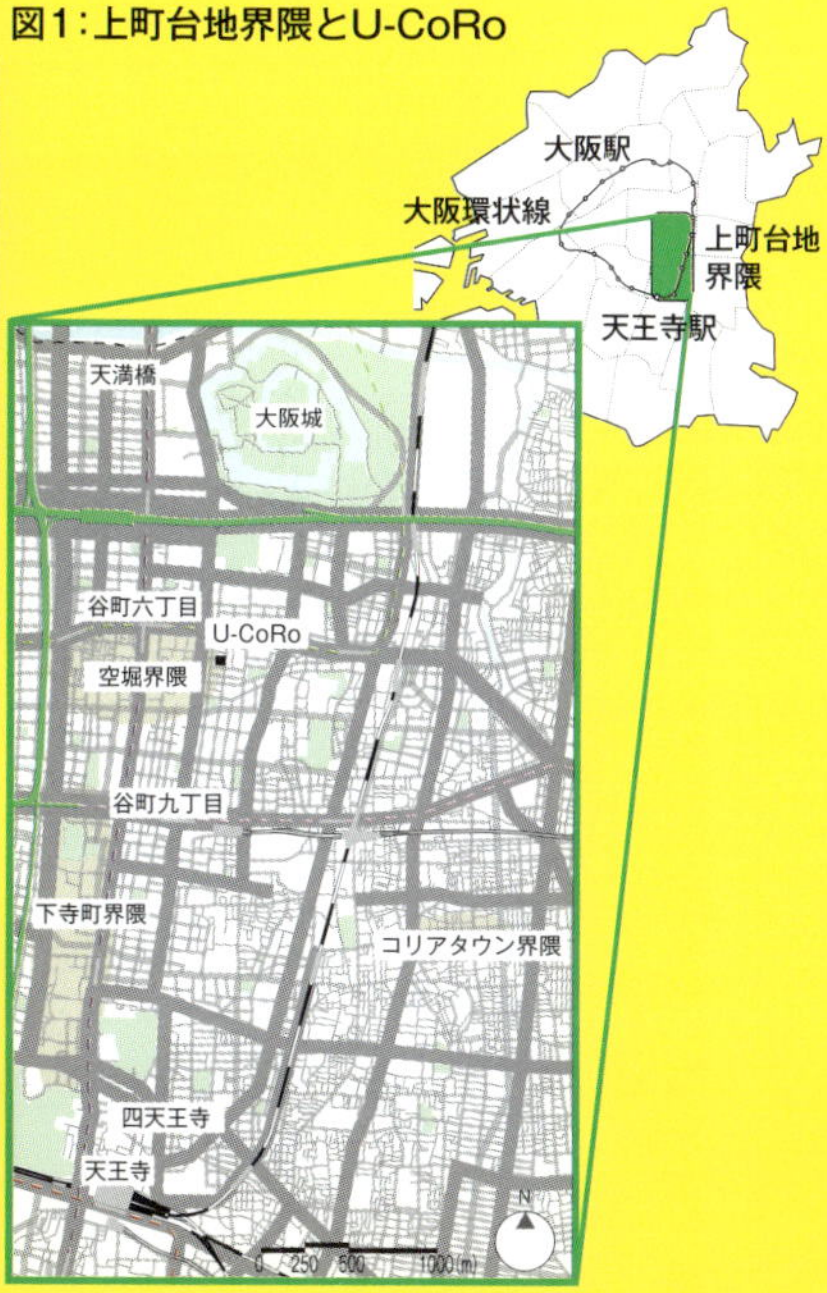

集合住宅 外観写真　　U-CoRo外観写真

集合住宅１階平面図

U-CoRo平面図

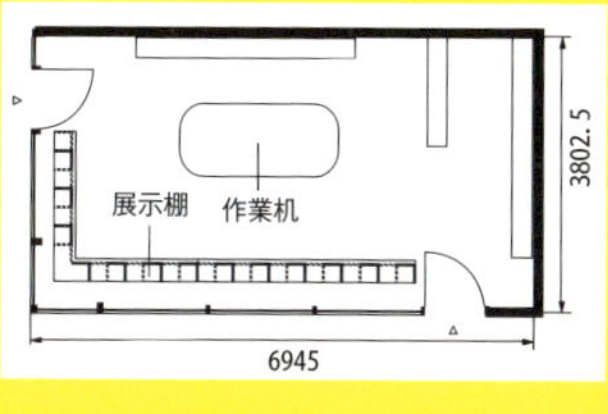

U-CoRoのこれまでの展示内容

No.	展示テーマ	展示期間
1	上町台地 まつり絵巻	2007.2.5 - 4.28
2	上町台地 子どもと遊び いま・むかし	2007.5.14 - 8.31
3	「いのちをまもる智恵」を伝える 減災に挑む30の風景と上町台地災害史	2007.9.3 -12.28
4	緑と鳥の回廊、上町台地	2008.1.21 - 5.9
5	上町台地となにわ伝統野菜物語	2008.5.19 - 8.19
6	減災ゲームで気づく 上町台地の暮らしいろいろ	2008.9.16 - 2009.1.23
7	春の日 上町台地で読みたい本	2009.1.26 - 5.22
8	上町台地 玉造黒門越瓜栽培 “ツルつなぎ”プロジェクト	2009.5.25 - 9.4
9	“減災キャラバンon上町台地”の道程から	2009.9.7 - 2010.1.29
10	まちで育む上町台地の子	2010.2.1 - 5.28
11	日常の楽園 上町台地 コミュニティグリーン紀行	2010.6.1 - 9.10
12	上町台地 もしも・いつもの“避難所”ウォッチング	2010.9.13 - 2011.1.28
13	上町台地 まちなかのプロフェッショナル	2011.2.1 - 6.30
14	上町台地・水先案内	2011.7.4 -11.11
15	U-CoRo人絵巻～上町台地百人一句	2011.11.14 - 2012.3.30

である。今後の動向も期待したい。

　なお、U−CoRoプロジェクトの過去の展示や関連情報はホームページで見ることができる。

団地内の多様な価値観をつなぐ

　これまでは地域レベルの話をしていたが、団地内のコミュニティを考えたときにどうなるのか。少し考えてみよう。

　団地を取り巻く状況が変化するなかでも、しばしばさまざまな居住者が登場する。世代の異なる新たな居住者や外国人など。彼らは往々にしてさまざまな価値観をもち、従来からの居住者との衝突をもたらす場合もあると聞く。一方で、さまざまな居住者がうまく共存することで、団地に活気を与えたり、団地の新たな魅力が生まれたりすることもあるだろう。そのためには、異なる価値観をもつ居住者の間に入って、つなぐ媒体が必要になってくる。すでに自治会などで、団地内のコミュニティづくりを目指したさまざまな活動が行われている場合も多くあるだろう。それらも居住者間をつなぐ媒体として非常に有効だと思われる。

　しかし、参加するのに躊躇してしまう新規居住者もいるだろう。また、古くからの居住者でも、住戸から出なくなり、ほかの居住者との交流がない場合もあると聞く。そのような場合に、U−CoRoのような、団地の一角や掲示板などを利用し、居住者から集めた団地にまつわるエピソードを届ける取り組みは、人と団地をつなぎ、人と人をつなげる媒体となり得るかもしれない。

　このような取り組みは、誰かが発意しなければ始まらない。そして、それを動かす人が必要である。さらにはそれに参加し、命を吹き込む多くの人々の存在が重要である。そのためにも参加の敷居を少し下げ、人と人、人と団地がつながるきっかけをつくり出してあげることも大切だろう。

※1　大阪ガス株式会社の居住実験のために建てられたものであり、そのため居住者は大阪ガス社員とその家族である。その多くが2007年からこの地に移り住んだ世帯であり、集合住宅で行われているさまざまな居住実験に参加している。その一環としてU−CoRoプロジェクトがある。
※2　主要運営メンバーは4名（大阪ガス株式会社研究員1名、まちづくりのプロ1名、編集のプロ2名）。

住みつづけられる集合住宅団地

東京・板橋「サンシティ」のふるさとづくり

東京・板橋区にある集合住宅団地「サンシティ」は資産価値の下がらないマンションとして知られている。そのカギとなるのは、住民による管理組合活動だ。自ら育む豊かな住環境が定住意識の高さにつながっている。

株式会社アークブレイン　中村直美

なかむら・なおみ　1979年東京都生まれ。2004年日本女子大学大学院家政学研究科住居学専攻修了、同大学家政学部住居学科助手を経て、2009年4月より現職

一族が集まる団地

サンシティは、定住型住宅を目指し「新しいふるさとづくり」をコンセプトに建設された民間分譲集合住宅団地です。

建設から三十余年たった今、サンシティでは居住者が定住するだけでなく、独立した子どもが団地内に新居を購入して住みはじめたり、田舎の祖父母を呼び寄せて近くに住まわせるなど、団地に一族が集まって住む状況が多く見受けられます。こうしたふるさと化の現状や、居住者による住民活動の様子をご紹介します。

豊かな緑と共用空間

サンシティは、1974年から1980年にかけて開発分譲された、全14住棟、総戸数1872世帯、人口約6000人の都内有数の民間大規模分譲集合住宅団地です。

東京都板橋区の交通至便な住宅地に立地していながら、東京ドームの3倍にあたる約12・5haの豊かな敷地を持っています。

敷地の約36%を占める豊かな緑環境は、建設当初行われた約5万本の植樹によって、形づくられました。1978年には初期入居者によって、広場づくりのワークショップが行われ、入居記念に苗木の植樹が行われました。

幹線道路に沿って、ABCの高層住棟を配置し、敷地中央の平地にはHIJの高層住棟を、西側高台には緑地を取り囲むようにDGの超高層住棟とEFの高層住棟を、東側の丘陵部にはKLMNの中層住棟を配置しています（図1）。幹線道路に面して商業施設があり、敷地外周部には小学校、幼稚園、保育所、交番があります。

屋内共用空間としては、A棟横の集会施設に3つの集会室と談話室とロビー、キッチンを設け、A棟地階にダンスルームを含む3つの集会室、F棟1階に和室を含む2つの集会室、G棟1階とプール横に集会室があります。また敷地南側には陶芸、木工、染色クラブなどで使用するカルチャーセンターが設けられています。

屋外共用空間としては、敷地中央に南北に抜けるメーンの歩行者用の道を軸に、散策・回遊路を設け、商業施設と連続した北の広場、団地の玄関となる滝の広場、せせらぎの美しい流れの広場、球技のための運動広場、遊具を備えた冒険広場、くつろぎと散策のための林内広場があります。敷地西側のプールは夏場のみ自主運営しており、団地外からの利用も可能です。

独特な「ふるさと化」

サンシティでは、独立した子や孫が団地内に新居を購入して住みはじめたり、祖父母を呼び寄せて近くに住まわせるなど、入居者が定住するだけではなく、団地に一族が集まって住む状況が見受けられます。

アンケート調査では、団地内の別住戸に親族が住んでいたことがある世帯は、約32％にも上ることがわかりました。

子どもの成長に伴い広い住戸へ住み替えるケースや、子どもの独立を機に、狭くても眺望のよい高層階の住戸へ住み替えるケース、独立した子どもや年老いた両親のために住戸を買い増すケース、趣味室やアトリエとして同じ階の住戸を買い増すケースも多く見られます。

アンケート調査では、団地内で住み替えしたことがある世帯は約15％、住戸を買い増したことがある世帯は約8％にも上ることがわかりました。

こうした団地内での親族近居、住戸の住み替えや買い増しが多く起こる背景には、サンシティの住みやすさがあると考えられます。

サンシティの住みやすさを形づくるものは、魅力的な自然環境と多彩な共用空間、多様な住戸タイプであり、また活発な住民活動です。

図1：住棟配置図

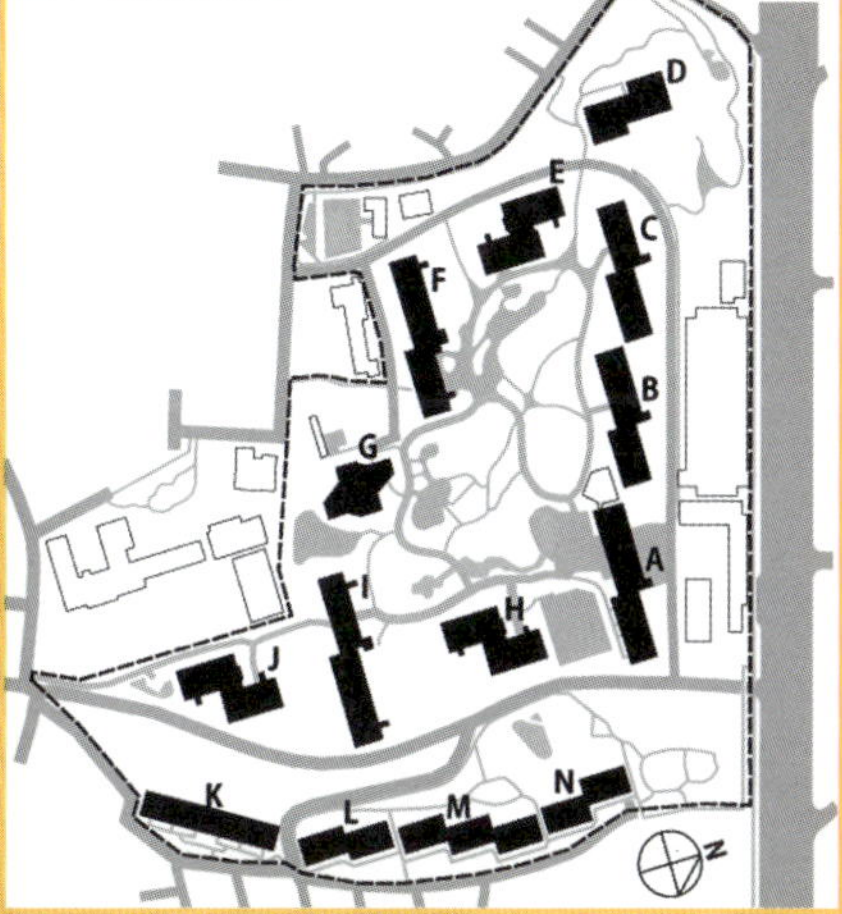

1. サンシティの豊かな緑
2. サンシティ祭
3. SGV椎茸栽培
4. 竹林とSGV手づくりの竹垣

自立した管理組合活動

サンシティの管理組合は、住棟ごとに設けられた棟委員会と、団地全体の決定・執行機関である理事会、理事会の決定に従い、具体的に検討・実施する機関である専門部会で構成されます。また、理事会組織とは別に、クラブが24団体、地域活動団体が5つあります。

専門部会は全部で14あり、文化、施設、総務の3部門に分かれています。文化には、イベント企画や広報誌作成、団地の文庫を運営する部会があり、施設には、植栽管理計画や修繕計画を立てる部会や、共同プールを運営する部会がありま す。総務には、団地内のリサイクル活動や、防災、防犯、ペット問題、財政・会計を担う部会があります。役割ごとに細分化された専門部会は、関連するクラブや地域活動団体と協同で、活動を行っています。ここでは、主要な活動のなかから3つの活動についてご紹介します。

年々成長する祭り・イベント

文化企画専門部会は、24のクラブと5つの地域活動団体と協同で、祭りなどのイベントを企画運営します。7月に行われる夏休み子供祭は、1981年に管理組合と商店会が主催した盆踊りが始まりです。その後、テニスクラブが子どもたちのために企画実施していたお化け大会と合体し、盛大な夏祭りに。1994年には暴走族の騒音問題で一時中止となりましたが、翌年には陶芸、染色、木工クラブが行っていた夏休み子供工作教室を中心として、再スタートし、現在につながっています。夏祭ではクラブによる綿飴や焼き鳥の出店、隣接する小学校での紙ヒコーキ大会、北の広場での盆踊り大会が行われます。10月のサンシティ祭は、団地最大のイベントで、約2万人の人出があります。1981年に文化系クラブが企画実施した作品展示を中心とした文化祭に始まり、その後餅つき大会と合体。理事会が予算をつけると、年々大きなイベントへと成長していきました。オープニングパレードを皮切りに、スポーツ、ステージ、展示、お店通り、フリーマーケットなど多彩な催しが行われます。

本格的な広報活動

広報専門部会は、棟委員と専門知識をもつ専門部員で構成されており、パソコンクラブや写真クラブと協力し、広報誌やホームページの編集・作成をしています。

サンシティの広報誌は、1980年、当時の理事長が有志を集め、自主作成したのが始まり。創刊号の特集は「暮らしのマナーとエチケット」で、近隣騒音などの問題を扱ったものでした。現在は年3回発行しており、主に地域活動団体やクラブ活動の紹介、夏祭、サンシティ祭の報告を掲載しています。2002年までは専門知識をもつ有志が担当し、版下、ゲラ作成まで団地の中で行っていましたが、広報専門部会が担当してからは、印刷のみ外注しています。

ホームページは、1997年にパソコンクラブが構想案を理事会へ提出し、2000年に広報専門部会にホームページ分科会を設置、ホームページを開設しました。団地の概要、住民活動の歩みを紹介するほか、ホームページを設け、居住者間の情報ツールとして使われています。居住者専用ページを設け、アクセス数は年々増え、今では5か月で1万を超えるまでになりました。

緑のボランティア活動

植栽環境専門部会は、地域活動団体とともに、団地内の植栽管理計画を検討、実施しています。

当初樹木の管理は業者に委託していましたが、建設後10年たつ頃に、成長した樹木による日照障害などの問題が出はじめたため、1994年頃より有識者の助言を受け「植栽管理計画」を策定、多額な費用を賄うため、自主管理が始まりました。

1997年には地域活動団体サンシティグリーンボランティア（SGV）を結成。週1回剪定、間伐作業を行っています。間伐材・枝葉は、椎茸栽培、炭焼き、堆肥、土留め材、チップなどに有効活用しています。さらにこれら知識と経験を生かし、近隣小学校の総合学習授業を行うなど、社会貢献も果たしています。

高い定住意識と居住満足度

アンケートで定住意識を調査したところ、「ずっと住みつづけたい」が62％、「当分住みつづけたい」が32％と定住意識が高いことがわかりました。定住理由は「自然環境が豊かである」が57％、「維持管理がしっかりしている」が52％、「人間関係が良好である」が27％、「管理組合・クラブ活動が盛んである」が21％であり、人間関係や管理、活動などのソフト面の評価が高いことがわかりました。同様に居住満足度を調査したところ、建物や設備の満足度より、居住者がこれまでつくり上げていた植栽や、管理、祭りへの満足度が高いことがわかりました。

ふるさとの継承、持続可能な集合住宅へ

サンシティでは、居住者が自らの手でさまざまなものをつくり上げてきました。豊かな緑とそれを守るボランティア活

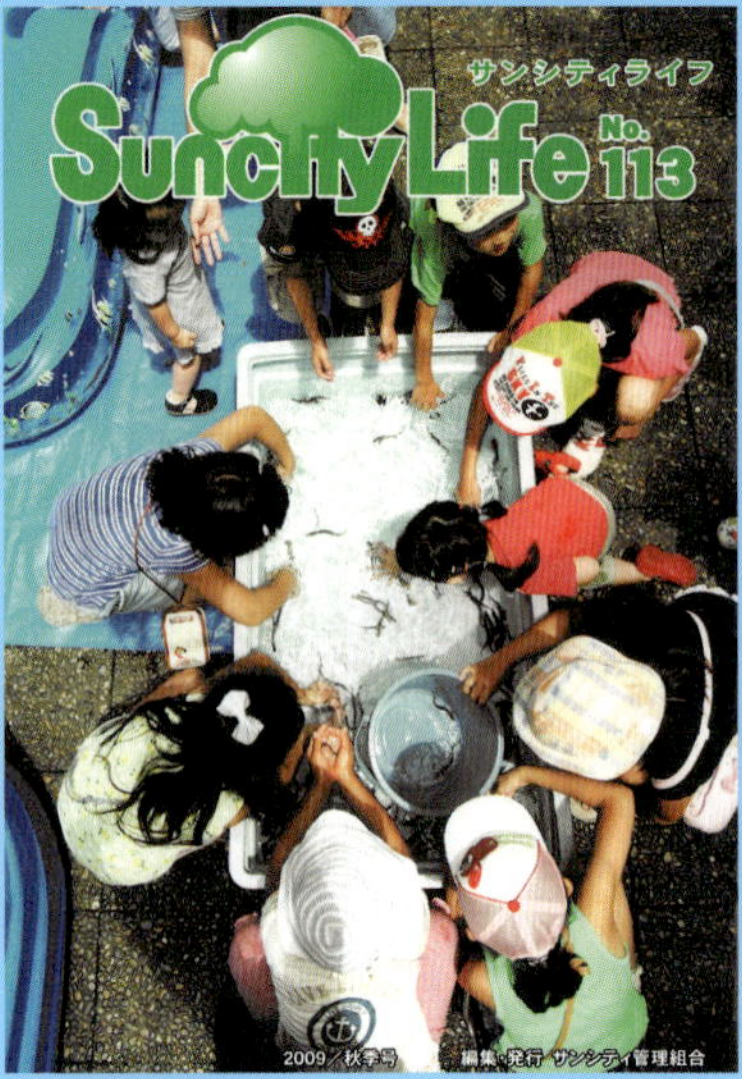

広報誌『サンシティライフ』

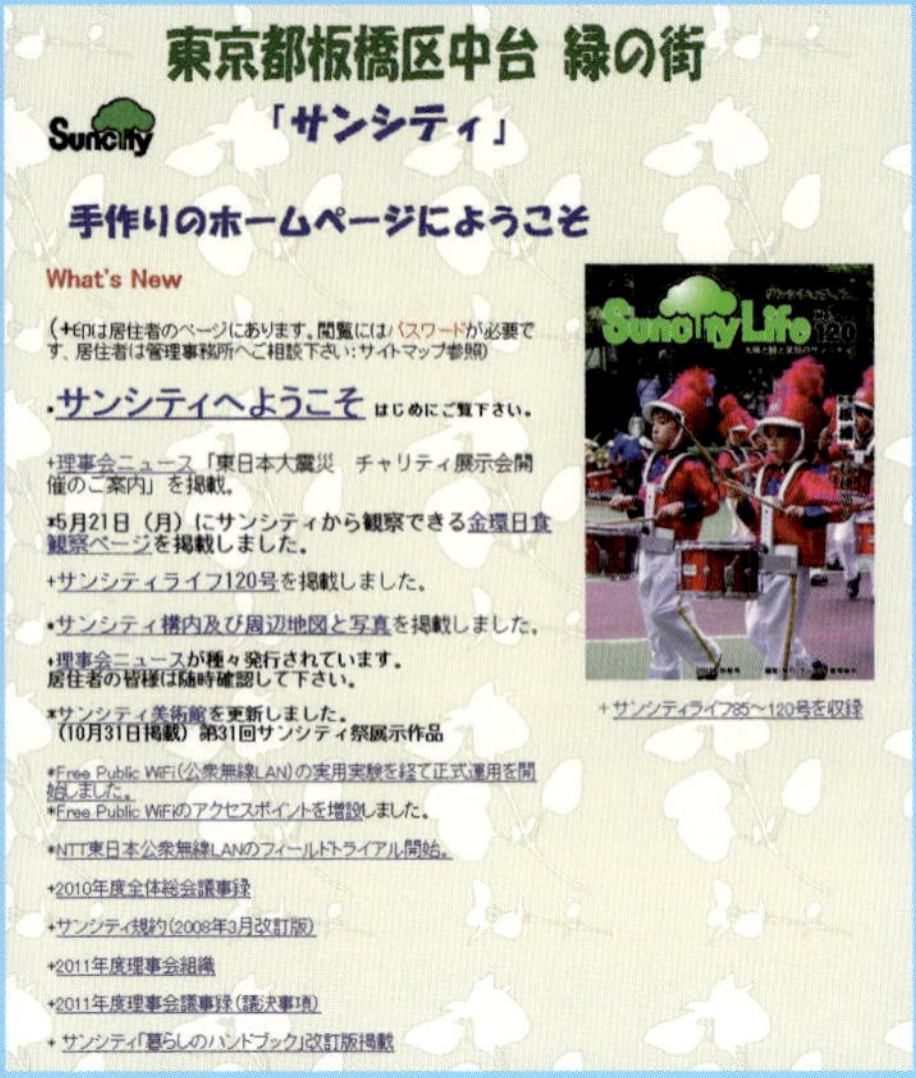

サンシティホームページ

動、自立した管理組合活動、年々成長する祭、多種多様なクラブ、それら一つひとつが団地の居住満足度を高め、団地への愛着を育み、約95％という定住意識の高さにつながったといえます。

建設から三十余年、今サンシティはさまざまな問題に直面しています。建物や設備の経年劣化などハード面への対策はもちろんのこと、高齢化が進むなかで若年層の入居促進や、次世代への住民活動の継承などソフト面での対策が大きな課題となっています。これら困難な課題をいかに解決し、持続可能な集合住宅にしていくのか、今後もサンシティの先進的な取り組みに注目していきたいと思います。

※本文は、2007年度より実施したアンケートおよびヒアリング調査の結果をもとにまとめさせていただきました。ご協力いただきました居住者の皆さまおよび理事会、管理事務所の皆さまに厚く御礼申し上げます。

自治会による人間性豊かなまちづくり

千葉幸町団地のコミュニティ形成過程を見る

大規模な団地では、生活に関するさまざまな問題が発生する。居住者の要望をまとめ、関係機関と交渉するのは自治会だ。千葉幸町団地では自治会がバスを走らせ、保育所も設置した。防災に強い活力のあるまちをつくるために自治会が果たす役割とは——。

千葉幸町団地自治会 会長 長岡正明

ながおか・まさあき
1936年生まれ。会社員。1969年幸町団地入居後、保育所・学童保育運動、自治会活動にかかわる。2000年自治会長。地域関係団体役員

コミュニティづくりの担い手

生活に必要なまちの条件、安全・安心のまち、良好なコミュニティづくりの担い手は誰か。それは自治会です。そこで、千葉幸町団地の生い立ち、今日までの自治会活動の一端を紹介させていただきます。

幸町は昔、海だった

UR都市機構（以下、UR）の千葉幸町団地は、千葉市内の国道14号沿いの遠浅の海を浚渫《しゅんせつ》・宅地造成し、1969年5月入居開始の、戸数約6000戸（うち分譲1240戸）の大型団地です。当時、公団住宅の入居は「宝くじ」を当てるより難しいといわれ、公団が当たると職場の仲間は引っ越しの手伝いやお祝いをしてくれました。公団住宅は勤労者の憧れで、千葉幸町団地には全国津々浦々から入居してきました。

しかし、住まいがあれば生活ができるというものではなく、まちの暮らしに必要な条件が備わっていなければなりません。

最初に求められた条件は、最寄り駅に出る交通機関の開通と、子育てに必要な保育所や幼稚園の増設でした。行政や関係機関に個人で要望しても応じてくれません。そのため、居

住者の代表である自治会を必要としました。

　入居開始から半年後の１９７０年1月には待望の自治会の結成大会が開かれ、居住者が抱える諸問題の改善に向けて取り組みを開始しました。

自治会バスを走らせる

　現在、ＪＲ総武線稲毛駅の始発から終電までの時間、「団地バス」（現あすか交通）の運行があり、大変便利です。

　しかし、入居開始当初は、最寄りの駅（西千葉駅）に行くには、団地の場所によっては徒歩30分を要し、交通機関はなく、歩くには遠いため、「陸の孤島」と呼ばれました。また、駅に出る際に通る国道14号は横断歩道・信号が整備されておらず、車の往来を縫って危険な思いをして渡っていました。国道上下線の分離帯には水たまりがあり、足場板を置いて渡り、雨天時は長靴が必要なこともありました。

　自治会は市内のバス会社などにバス路線の開通を繰り返し要請します。やっと開通がかなったものの、運行本数は少なく運行時間も短かったため、肝心な通勤通学の利便性は図られませんでした。乗合タクシーがありましたが、一人乗車や行先限定などの問題がありました。

　交通手段をなんとかしてほしいという強い要望に、自治会

は思案を重ねた結果、タクシー会社に相談し、協力を得て、自治会員限定の自治会バスを試行させました。最初はマイクロバス1台でスタートしました。朝は始発電車から出勤時間帯、夕方は終電まで。たちまち利用者は増え、台数・本数・停留所を増やすなど利便性を高めていきました。ＪＲ稲毛駅に快速が停車するようになると稲毛駅行きを開通。昼間も運行され買い物や通院が便利になりました。現在は、国の認可も下り、路線バスとして「株式会社あすか交通」が運営しています。

　国道を渡る横断歩道橋や信号も、自治会の要望で設置されていきました。

保育所つくりの運動

　当時の高度経済成長とともに、女性の社会進出、共働きや子育てをしながら働く女性が増加しました。また、公団入居には一定の所得収入が必要で、子育てをしながら働く家庭も多くありました。

　団地内には保育所は当初1か所しかなく、つくり運動が高まります。自治会は市当局への要望、公団には土地提供に奔走し、第二保育所の増設となりました。

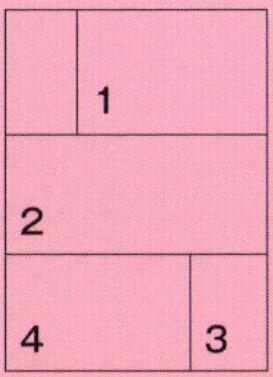

1. 千葉幸町団地の周辺図
2. 唯一、中心街区にある高層の建物。耐震性で問題に
3. 団地バスの運行で、大変便利に
4. 耐震性に問題のある高層棟が除却された跡地。高齢者福祉施設や子育て支援施設の建設が待たれる

幼稚園の不足で幼児教室を設置運営

入居して4～5年が経過すると、幼稚園不足が深刻になりました。既存の2園では足りず、自治会は県など関係機関へ誘致に奔走し、1園開園されました。しかし、それでは間に合わず、団地の集会所などで、自治会と父母による幼児教室を開設し、運営に携わるようになりました。

放課後の子どもたちの学童保育所を設置運営

共働き家庭などの子どもたちが放課後を過ごす学童保育所が必要になりました。当時の千葉市の施策は、父母等が保育場所を確保し、自主運営に助成する制度で、自治会は児童センターの建設と運営に尽力し、その後の公設公営化にも大きく寄与しました。

コミュニティや文化の形成

①人の暮らしには文化も必要です。40回以上続く夏の風物詩、団地祭は、全国津々浦々から移り住んだ先人たちが、子どもたちの故郷づくりと近隣同士の親睦と交流、新しいまちづくりを願って始められました。まちの文化として発展するとともに良好なコミュニティ形成に大きく寄与しています。千葉幸町団地を巣立った子どもたちも「団地祭で会おう」を合言葉に里帰りし、親交を温めています。幸町音頭もつくられ、勇壮なおみこしは先人の手づくりです。

②消費者物価高騰時には、食料品などの共同購入を行い、家計を助けました。

③地域には、いろいろな団体・組織があり、活動しています。社会福祉協議会、社会体育振興会、青少年育成委員会、民生児童委員会、防犯・防災会などなど。これらの結成と活動は、自治会が主体的にかかわっており、連携した活動が安心・安全なまちづくりに寄与しています。

耐震問題への取り組み

耐震性（分類ⅡとⅢ）に問題のある高層棟（11階建て）3棟408戸を、URが「改修」から「除却」に突然変更したことに納得できず、改修または建て替えを要求しています。

耐震性に問題のある3棟は、団地の中心街区で、商店、郵便局、銀行、診療所、学校、公民館、交番、バス発着場所などが整った場所です。自治会は地域の諸団体と幸町全体にかかわる問題として、連携して取り組みを進めています。

その後、URと話し合いの結果、除却跡地（約9000㎡）に高齢者福祉・子育て・生活利便等の施設、ふれあいの広場などを誘致し、魅力ある団地再生を進めることになりました。

夏の風物詩である「団地祭」

高齢者福祉施設は、居住者アンケートを基に、特別養護老人ホーム（特養）に決まり、２０１４年開設予定です。

特養は、幸町居住者が使用料等含めて安心して利用できることが重要で、ＵＲと千葉市に対して事業者選定に考慮するよう強く要望しています。どんなに立派な特養ができても、幸町居住者が利用できなければ誘致の意味がなく、団地再生にもならないからです。

災害に強いまちづくりをめざして

防災についても自治会が果たす役割は大きいと考えています。３・11東日本大震災の際、幸町団地は震度５強の揺れに見舞われ、断水でトイレが使用不能の事態になりました。

自治会の要望でＵＲが16街区けやき広場に設置していたマンホール式トイレが急遽組み立てられ、夜間照明を設けて使用できたことで、居住者は大変助かりました。ＵＲはその後トイレを増設しました。給水車の配置場所も当初１か所のみでしたが、自治会がＵＲに要請して増やすことができました。給水車の来ない夜間は、公民館裏広場の水道、11街区17棟前の水道、小学校の非常用井戸水を24時間利用できるようにしたことで、昼間勤めている居住者に喜ばれました。

また、避難所のあり方についても考え直す契機になりました。東日本大震災の当日、居住者は余震に対する不安や断水で自宅にいることができなかったため、大勢の人が小学校の体育館に宿泊しました。地震発生は平日の午後でしたので、小学校側が協力的に体育館を開放してくれました。ただし、市の規則は「震度6以上のときに、市の担当者が来て開けること」。大地震が休日や夜間に起きた場合、それでは地域の安全が守れません。そこで自治会は、避難所となる体育館の管理を自治会に委託するよう千葉市に要望してきました。

その要望が実り、体育館等の避難所は自治会が管理することができるようになりました。現在、管理に必要な「避難所運営委員会」の設置を進めているところです。

東日本大震災では避難所、給水の対応、非常用トイレ設置や連絡などは、近隣の自治会・防災会と連携して協力し合いました。その教訓を活かし、幸町内の8自治体が避難所ごとに役割を分担し、万が一のときは連携して行うことを決定。2012年3月11日に協働の防災訓練を実施しました。

居住者への避難所の連絡方法、要支援者への対応、ボランティアの確保・増員、行政、UR、自治会・防災会の三者による危機管理体制づくりなど問題や課題はたくさんありますが、居住者の声や意見を取り入れながら災害に強いまちづくりを推進していきます。

幸町団地の再生への取り組み

URは、2007年12月に全団地の類型化を発表し、幸町は「再生一部建て替え」団地としました。

自治会は居住者追い出しの戸数削減、コミュニティの破壊につながる一部建て替えには反対していますが、中心街区を含めた再生については共通点があり、URと話し合いを行っています。中層にエレベーターの設置、間取り、室内の改善などが求められます。

また、団地再生では、若者・子育て世帯からお年寄りまで、安心・安全・快適で活力と魅力あるまちづくりを進めようと、千葉大学の小林秀樹教授に協力を仰ぎ、分譲など地域関係者との連携を図っています。

再生では、千葉市の学校適正配置で小学校3校を1校にする問題、団地内には市民の公共の広場がないなどの問題も併せて議論されることになります。

以上は、当自治会活動の一端ですが、これらは、昭和30年代から40年代に建設された公団住宅の自治会の多くが実施してきたことです。改めて自治会の存在と役割、責任の大きさを強く感じるとともに、貴重な財産として大切にしながら、今後も安心・安全・快適で、活力と人間性豊かなまちづくりに努めたいと思います。

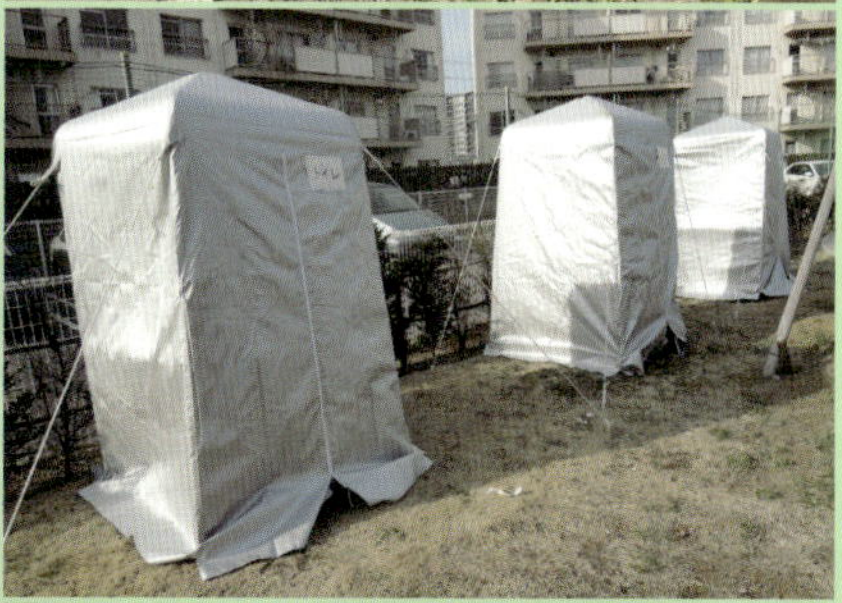

1. 断水のため、小学校の非常用井戸に水を求める居住者たち
2. ライフラインがストップしたため、急遽避難所として開放した小学校の体育館
3. 東日本大震災の直後、16街区けやき広場に設置された仮設トイレ
4. 自治会の要請でURが防災設備を導入した16街区けやき広場
5. かまど可変ベンチ。座板を外すと煮炊きができるかまどになる
6. 非常時にはかまどとして使えるイス
7. 仮設トイレ用としてけやき広場に設置されているマンホール

2	1
4	3
6	5
	7

「普段のつきあい」が力を生む

地縁も血縁もない武庫川団地の自治会活動

団地の創設時には見知らぬ人同士が集まる。地縁も血縁もない地域では、自治会が中心的な存在となる。兵庫・西宮市の武庫川団地では、震災時も、恒例の祭りでも「普段のつきあい」が最大の活力源となっている。

武庫川団地自治会　副会長　**橋本宗樹**

はしもと・むねき　１９４９年生まれ。１９８３年10月、武庫川団地分譲住宅に入居。１９８６年、１９８７年と住宅管理組合の理事を経験。１９９３〜１９９９年、２００９年から武庫川団地自治会副会長を務める

兄弟のような仲間とともに

１９７９年に入居が開始された武庫川団地は、２００９年に30年を迎えた。このたび、武庫川団地自治会では「武庫川団地入居30周年記念事業」の手始めとして標語＝スローガンを全世帯に募集した。多数応募のなかから、「ここが故郷《ふるさと》わが街　高須」を記念事業委員会で選出し、横断幕としてまちのなかに張り出した。

私の所属する武庫川団地自治会は、武庫川団地のUR賃貸住宅の入居世帯（５６４３世帯）を構成基盤としている。自治会への加入は任意なので、現在会員数は約３５００世帯、組織率は60％強。加入会員数だけでも一般的な「自治会」の単位をはるかに超えている。

また武庫川団地自治会は、団地全体を代表する「高須自治協議会（９１００世帯）」の中心組織としての役目も担っており、活動の対象戸数は多く、対象地域は広い。１つの行事、イベントを実施するにも準備期間・機材・人材・会計の量・規模の範囲は、自治会の手法より企業の手法の方が適当な場合がある。

ともあれ、入居30年を迎えた武庫川団地。再生というより創生途上かもしれない。創意・工夫・快活兄弟のような仲間

とともに、がんばっている。

地域組織・団体の現状

1979年、武庫川団地自治会設立総会を開催。第一期入居者は1520世帯と推定されるが、自治会設立は大変なものだったと思われる。

1980年、高須地区体育振興会（現　スポーツクラブ21高須）、1987年、高須地区青少年愛護協議会設立。1991年には、高須町全域の自治会および、分譲住宅の管理組合で構成され、高須町を代表する「高須自治協議会」が設立されたことによって、高須町全体を把握する自治会協議組織が一応整ったと思われる。

現在、高須自治協議会の構成団体および組織対象戸数、協議会への派遣理事数は、表1のとおり。高須町は、当初の都市計画決定地域とその後建設された都市計画対象でない地域とが一緒になって高須自治協議会を運営している。

加えて、高須自治協議会の協賛助成対象団体・組織として、「スポーツクラブ21高須」「高須子ども会」「社会福祉協議会高須分区」「高須地区青少年愛護協議会」など、7地域団体・組織の代表者が理事会に出席している。また、高須自治協議会が中心となり、まちの総力を集めて実施される夏祭り「高須フェスティバル」実行委員会および、1月実施の「どんど焼き」実行委員会にも人的・経済的助成を行っている。

「元気が一番・高須はひとつ」の合い言葉

1995年1月17日、関西地域を襲った「阪神・淡路大震災」は高須町にも多大な被害をもたらした。地盤沈下が発生し、多量の地下水と砂が地表に噴出、一面泥の海と化した。また、地盤沈下によって建物から本管へつながる下水管が破損した。上水道は供給元や送水管が破損・破断し断水となり、都市ガスも供給がストップした。唯一電気は復旧が早かったが、地域内全棟のエレベーターは鉛直方向が歪み、使用不能となった。

このようななか、高須自治協議会は、震災当日の昼12時に緊急理事会を開催、各団体対象地域の人々の安否の確認、情報の交換を行い、「震災対策本部」を開設した。

以後約1か月間、全国からの救援活動を受けるなかで、「給水拠点の管理」「独居老人世帯への給水」「段差を補修してのゴミ収集車の乗り入れ」「救援物資の管理」「全戸配布の広報活動」「公団と協力しての応急活動」「当団地への訪問者の案内」「噴出した多量の砂の片づけ」など、多くの地域協力者の応援をいただくことによって乗りきることができた。

この震災の経験は、自治会活動に大きな衝撃を与えたと考えられる。インフラ復旧までの間、諸問題の解決は多くの地元住民の協力なしではあり得なかった。そして、この多くの協力者は「普段のつきあい」が基礎に存在し、日常の継続的なつきあいが急場には力を発揮するということが確認された。

この年の4月、毎年8月に催される夏祭り＝高須フェスティバルの実行委員会がもたれた。西宮市では市民祭りの中止、また、近隣地区も夏祭りの中止を決定していた。そのなかで開催された実行委員会では、中止と開催の意見が半々であった。しかし、「普段のつきあい」を継続しさらに強いものにしようとの意見により、開催を決定。そして、夏祭りでは初めてスローガンを掲げることとした。「元気が一番・高須はひとつ」がそれであり、以後、このスローガンを念頭に武庫川団地自治会の活動は進められていくこととなった。

武庫川団地自治会の活動は、量の多さに特徴がある。活動項目を表2にあげる。活動の大半は武庫川団地自治会の単独事業ではないが、主体的な役割を担っている。

地域活動者は「土・日株式会社」の社員

武庫川団地自治会で活動する人の数は、役員12名、協力委員18名、協力者約10名、総勢約40名。40歳〜65歳が中心となっている。

自治会活動に参加するまでの個人の経歴は、多くがＰＴＡ役員、管理組合理事、スポーツクラブ役員の経験者で、なんらかの団体を経由して参加してきた人である。また、特徴的なのは現職者が多いこと。よって、役員会・打ち合わせなどは平日の夜か土・日に行われている。ちまたでは、このような活動をする人を「土・日株式会社」の社員と呼んでいる。

活動の継続と人的資源の確保

「土・日株式会社」の人たちも、定年退職を迎える方が増えつつある。時間的余裕が出てくる人の増加である。時間があるので自治会のお世話をお手伝いします、では活動の継続は望めない。「土・日株式会社」から「有限会社　平日」へ転職するような気概で活動を継続していただくことが望まれる。

さらに、現在進行形なのが16年前から行っている青少年活動「秋!!学校でキャンプ！」である。この活動は、小学校4年生・5年生・6年生を対象に小学校の校庭にテントを張り1泊する活動。「青少年愛護協議会」の専門部会である「ひょうごっ子活動推進委員会」が主催し、30年間継続を目標としている。地域の大人たちと1泊し、かかわりをもつことが

表1：高須自治協議会の構成団体および組織対象戸数、協議会への派遣理事数

構成団体	住宅形態	対象戸数	派遣理事	
武庫川団地自治会	UR賃貸住宅	5,643	6	当初の都市計画地域
あおぞらのまち管理組合	UR分譲住宅	641	2	
樹のまち自治会	UR分譲住宅	616	2	
みどりのまち管理組合	UR分譲住宅	193	2	
はののまち管理組合	UR分譲住宅	143	2	
県営西宮高須団地自治会	県賃貸住宅	618	2	都市計画地域外の地区
武庫川第２一番街自治会	UR分譲住宅	382	2	
ルゼフィール武庫川管理運営委員会	県賃貸住宅	102	2	
第２三番街自治会	UR分譲住宅	316	2	
西宮ガーデンズ自治会	民間分譲戸建住宅	74	2	
市営高須町一丁目住宅自治会	市賃貸住宅	400	2	
合計11団体		9,128 戸	26名	

(上)武庫川団地　高須町１丁目
(中)高須フェスティバル　やぐら組み立て
(下)高須フェスティバル　大阪鳴野のだんじり囃子

表2：武庫川団地自治会の活動項目

項目	内容
住環境の改善・リサイクル活動	住宅施設の改善・緊急車両の通路の確保・清掃活動・花いっぱい運動・アルミ缶リサイクル
コミュニケーション拡大活動	夏祭り・地区大運動会・フリーマーケット・新春の集い・餅つき大会・どんど焼き・光の祭典・春秋のバスツアー
子どもの育成	学校でキャンプ・団地探検・子ども会ハイキング・子どもまつり・夏休みさよなら子どもフェスタ
スポーツ・文化事業	地区大運動会・ソフトボール大会・グランドゴルフ大会・生活川柳大会・標語の募集・音楽演奏会
高齢者支援活動	老人クラブ助成・ひとり暮らし老人の新春の集い・敬老の集い
防犯活動	防犯協会高須支部への助成・深夜パトロール・年末パトロール・防犯灯の管理
広報活動	自治会だより・高須だよりの発行、配布・自治会ホームページの立ちあげ
渉外活動	行政への対応・鳴尾連合自治会活動・行政刊行物の配布
調査・記録活動	各活動の記録・団地記録誌の発行 苦情要望意見の収集と冊子の配布
自治会費会費集金活動	対象5,643世帯
活動拠点の維持・運営	高須コミュニティプラザ・防災倉庫・防災機材の管理運営

目的であるが、最終的な目的は、子どもたちが大人になったとき、地域活動に参加しやすい精神的環境をつくることであり、「将来このまちを担ってください」の気持ちを伝える活動である。毎回このキャンプには、キャンプを経験し中学生や高校生になった学生が子どもたちの世話に参加している。この継続も将来大きな力になるものと思われる。

ほかに、「ひょうごっ子活動推進委員会」が主催する『団地探検』。地域を知ろう、学校が違っても仲よくなろう、異年齢の友達をつくろうを目的に、小学生と幼児を対象としたイベントで、広い団地内に設けられたポイントを地図を頼りに探し得点を競うゲームを行う。学校・学年に関係なく班をつくり小グループで行動する。これも将来に人材を期待する企画である。

また、高須町の最大イベント「高須フェスティバル」は、準備に4か月余り、開催3日間の高須の総力を集めたイベントである。高須自治協議会の構成団体、青少年愛護協議会、スポーツクラブ21高須、小・中・高の学校およびPTA、地域商店会、個人で構成された実行委員会で推進される。

会場の組み立て、模擬店、花火・演奏、踊り、ダンスなどの催し、進行・運営など、すべて自前で行われ、来場者は約2万人の大イベントである。

この祭りをいかに開催しつづけるかがこのまちの命運を握っていると言っても過言ではないと思われる。このまちの祭り＝政《まつりごと》ではないだろうか。そして、この祭りを成功させる最大の背景は、「普段のつきあい」だと思われる。

これらの行事は、武庫川団地自治会の単独主催行事ではないが、主要なメンバー、推進者の多くは武庫川団地自治会からの団体派遣者である。

日常の活動から協力者を見つける

エンドレスの自治会活動にめりはりを付ける機会を30周年記念事業のなかで頂いた。長いスパンでの世代交代、継承を念頭に入れ、自治会活動をしてきたつもりだが、企業のように新入社員の入社が定期的に約束されているわけではない。日常の活動のなかから自治会活動の協力者を得ていく以外に方法はない。

震災の経験も含めて、より一層の日常活動での緊張が必要だと考えている。スケジュールに流されず、また、活動の目的を忘れず、獲得するものを確実に手に入れていくといった緊張が必要だと思う。

土・日は自治会で活動し、平日、会社で休養をとる（？）のだろうか？

場の共有から生まれるつながり

学生たちの「まちなかラボ」から見えたこと

増えつづける高齢の居住者、空き店舗が目立つ商店街……。このような「オールドニュータウン」は各地で見られるが、居住者以外の人々がかかわることでつながりが生まれる。兵庫県立大学の学生たちの試みは、その可能性を示している。

兵庫県立大学政策科学研究所 准教授
和田真理子

わだ・まりこ
東京都生まれ。東京大学文学部卒、東京大学大学院総合文化研究科修了、理学修士（地理学）。都市地理学、都市政策、まちづくりを専門とする

「オールドニュータウン」明舞団地

神戸市垂水区と明石市にまたがる明石舞子団地（以下、明舞団地　写真1）は、1965年に開発が始まった日本で最初期のニュータウン（以下、NT）である。明石海峡大橋と淡路島を望む丘陵地に開発された住宅戸数は1万戸余り、県営住宅約3000戸、UR住宅が約2700戸で、賃貸集合住宅が6割を占めている。人口は、1975年の3万7447人をピークに減少し、現在は約2万3000人、65歳以上の高齢者人口割合は実に35・2%に達し（2009年末）、団地内の商業施設は空き店舗が目立つ典型的な「オールドニュータウン」となっている。図1は高齢化の速さを町丁目単位で表したものであるが、明舞団地（図の左下青枠の部分）をはじめとして、高倉台、友が丘、鈴蘭台などNT地域で急速な高齢化が進んでいることがわかる。

高齢化しないイギリスのニュータウン

NT地域で急速な高齢化が進んでいることを指摘したが、これは人工的につくられた市街地に不可避な現象なのだろうか。そうではない。NT発祥の地イギリスで1946年に開発が始まったスティーブネージ（写真5）は、地区センター

の老朽化の問題を抱えつつも、60歳以上の人口割合は19・0%とイギリス全土より低い値を示しており、住民の高齢化とは無縁である。筆者は２００９年秋にスティーブネージを訪れた。タウンセンターの建物は古びた近代建築で、古さが魅力につながることもなく、明舞センター（明舞団地最大のセンター）とどことなく似た趣があるのだが、行き交う人々の雰囲気はまったく違っていた。会社の昼休みに昼食をとる人々のグループ、パブでパソコンを開きインターネットをする人、赤ちゃんを乗せたバギーを押す夫婦など、若い人々で賑わっていたのである。

日本とイギリスのＮＴの最大の違いは、職場を兼備しているか否かである。スティーブネージには8万人程度の人口に対し、実に4万人分の雇用がある。働く場と住む場を兼ね備えた都市は24時間活動し、常に新しい住民が流入し、さまざまな商業・サービスが維持されるのである。

明舞団地再生の取り組み

兵庫県は２００３年に「明舞団地再生計画」を策定し、まちづくり活動や生活サービスを提供するＮＰＯの誘致、県営住宅のコミュニティ拠点としての活用、地域のマネジメント主体としての明舞まちづくり委員会の立ち上げなど、ソフト

面の取り組みを続けてきた。なかでも、ＮＰＯひまわり会は十数名のボランティアによって、明舞センターでのふれあいお食事処の経営と、高齢者の見守りも兼ねた配食サービスを行っており、現在では週4日、1日１００食を超える食事の提供をしている。地元産で安全・安心な旬の素材を使った、おいしく懐かしい味の食事には定評があり、近隣の高齢者の生活に根づいた存在になっている。明舞団地再生のまちづくりでは、県営住宅の建て替えや地区センターの再開発などハードの整備も行われているが、ソフトな住民主体のマネジメントに力点が置かれており、全国から視察が相次ぐなど注目されている。

こうした取り組みの1つとして、兵庫県立大学経済学部は、２００９年1月、明舞センターの空き店舗に「明舞まちなかラボ」を開設し（写真③）、授業や調査研究、地元との交流活動に活用してきた。

明舞まちなかラボの役割

明舞まちなかラボの役割は、大きく分けて3つある。

1つ目は、大学として授業を行い、学生が生きた教材である現実のまちを学ぶことである。オールドニュータウンは、成長期から人口減少時代に突入する都市や地域の問題が凝縮

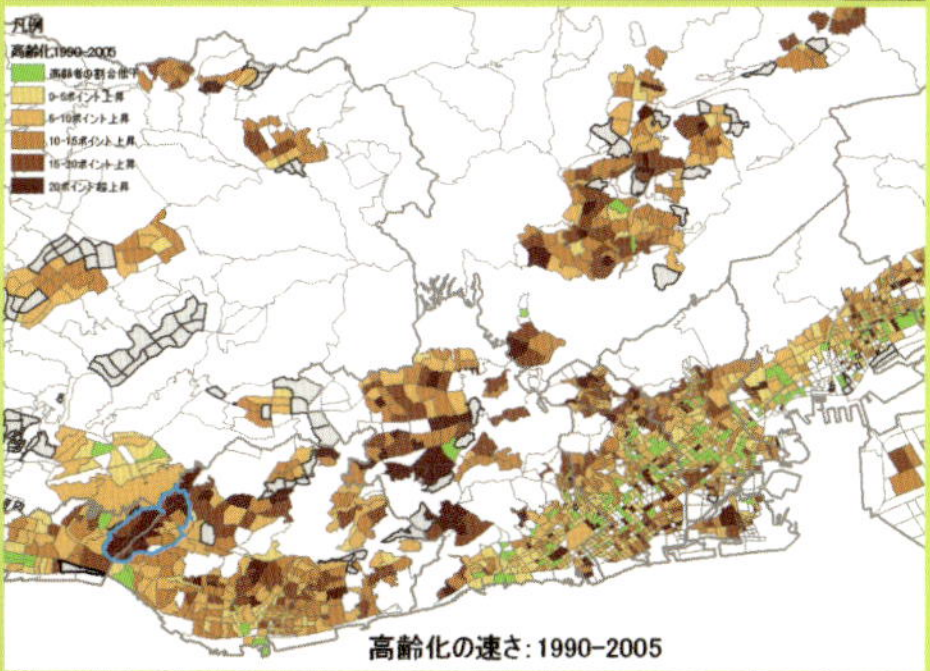

1. 春の明舞団地
2. 図1：1990年から2005年にかけての高齢化の速さ
3. 明舞まちなかラボ。学生、教員が参加しての改修工事（2009年3月）
4. 図2：ダンチガメをフューチャーした団地博覧会ポスター
5. 世界初のニュータウン、スティーブネージ
6. 学生とビーズ教室の人たち

して現れており、経済学部の学生が明舞を通して兵庫や日本、世界を理解する意義は大きい。

2つ目は、ゼミで行う調査など学んだことから、実態解明や政策提言を行い、明舞のまちづくりに貢献する、まちのシンクタンクとしての役割である。

3つ目はより大きな視点からの目的であるが、異なるものの交流による活性化である。住宅とその利便施設だけで構成されてきた日本のNTも、さまざまな活動や就業の場が積み重なり、さまざまな人間がかかわる場として再生すべきであると筆者は考えているが、そうしたまちの多様性の一片としての役割である。以下、主にこの第三の役割について、2年余りの活動を振り返りつつ考察したい。

明舞ご当地キャラクターづくりから思う学生と地域との関係

多様性の一片として大学の存在を考えるとき、2年間の活動を通じて思うことは、新しい要素や機能（この場合大学や学生）と地域との関係は、あまり最初から規定しすぎない方がよいということである。これは、2年間私のゼミに在籍し、実質的な明舞まちなかラボ一期生として昨春卒業を迎えた学生の活動を見ての感想である。

2009年4月からラボでのゼミが始まり、以来毎週1～3のゼミが行われている。ゼミでは地域で活動する人へのヒアリングや、団地内を歩き回るフィールドワークを行い、また交流活動としては明舞夏まつり、クリスマスフェスタなどの地域のイベントに参加して会場設営の手伝いや演奏やダンスのパフォーマンスを行った。学生は住民との交流から団地の課題をリアルに感じたようであったが、イベントの手伝いは「言われたことをする」という形で、少なくとも私のゼミ学生についていえば、自ら主体的に活動しているという雰囲気ではなかった。

状況が変わったのは、「世界団地博覧会 in 明舞（以下、団地博覧会。2010年10月開催）」の準備に学生がかかわるようになってからである。これは兵庫県立大学と、かねてから明舞にかかわってきたNPO神戸まちづくり研究所、地元の組織が共催し、ほかの団地でまちづくりをしている団体との交流会、海外の団地再生事例報告会、まち歩きや食べ歩きなど明舞の魅力を再発見するイベントなどが行われた。

和田ゼミの学生は金沢美大の友人と共同で明舞ご当地キャラクター「ダンチガメ」を考案し、このキャラで明舞を盛り上げようとさまざまな活動を始めた（図2）。ダンチガメを前面に出したポスターやチラシを作成して地域福祉センターやスーパーマーケット、幼稚園を回り、夏休みの間ラボでダンチガメのオブジェづくりに励んだ。そうこうしているうちに、近くのまちづくり広場で活動するサークルの方々が「かわいい」と協力してくれ、ビーズや手編み、パッチワークのカメを作成してくださった。団地博覧会当日は、ラボにこうしたカメたちが勢ぞろいした。学生たちが楽しみつつ活動しているうちに、いつの間にか教員の私が知らない地域とのつながりができていたのである（写真4）。

さらに、活動を通じて学生たちは「明舞の人に明舞のことを伝えることが難しい」ということを痛感し、この思いが、学生による明舞情報誌『好きです。明舞』の作成につながっていく。この雑誌は4月、新3回生・4回生の手によって明舞団地全戸に配布される。

人と機能の多様化を目指して

団地博覧会では、学生が「明舞団地を盛り上げる」ことを楽しむなかで、地域との自然なつながりが生まれた。地元の人や専門家、学生が参加した団地博覧会の総括フォーラムでも、ゆるやかに連携することが大事ということが結論の1つであった。考えてみればまちの多様性とは本来そのようなものので、多様な主体や人々がそれぞれの目的（働く、学ぶ、楽しむなど）で行動するのだが、活動の場を共有することによってなんらかのつながりが生まれる。それがいくつも積み重なり、相互作用で活動の質・量が豊かになり、さらに新しい主体や人々がやってくる。その延長上に地域の活性化がある。

2011年の春、兵庫県は明舞団地において県営住宅の空き住戸に学生を住まわせる試みを始めた。この際、特例で入居する学生が地域になんらかの貢献をすることは必要だが、あまり事前に規定しすぎることなく、学生自身が自らの学びや遊びをするなかで、つながりが自然に成長することが望ましい。同じく県が検討している、明舞センターでの学生のビジネス・活動拠点と結びついて、明舞がたんなる寝場所ではなく、学生が長時間活動する「学生街」的な場になることを願っている。

また、昨春からゼミで高齢化社会における情報コミュニケーション技術（ICT）をテーマとした調査研究を開始した。ここではICTに無縁だった高齢の住民にパソコンを使ってもらい、ラボで定期的に学生、教員と対面でやりとりしながら、高齢者がICTを活用するには何が必要か、生活スタイルにどのような変化をもたらすかを継続的に調査する。これからも、大学や学生が本来の活動をすることで地域の人材、情報、活動に厚みを加え、明舞団地の活性化に貢献していきたいと考えている。

住民の〈楽しみ〉がコミュニティをつくる

兵庫・西宮市「浜甲子園団地」の菜園づくり

武庫川女子大学 生活環境学部生活環境学科 助教
水野優子

老朽化による建て替えで生まれたパブリックスペースをいかにうまく利用するかは重要な問題だ。浜甲子園団地では、菜園という「楽しみ」によって新たなコミュニティを生み出そうとしている。

みずの・ゆうこ
武庫川女子大学大学院生活環境学研究科博士後期課程単位取得退学。博士（生活環境学）。専門は都市計画、住環境計画、まちづくり

浜甲子園団地の半世紀

兵庫県西宮市の浜甲子園団地は、大阪と神戸のほぼ中間に位置し、１９６２年に入居が始まった公団住宅（現ＵＲ賃貸）である。約31haに１５０棟４６１３戸（建設当初）が建つ大規模団地で、高度経済成長期の大阪都市圏への急激な人口集中に伴う住宅不足解消に大きく貢献した（写真１）。

コミュニティ活動は、自治会が中心となって当初より活発に展開されてきた。しかし経年とともに空き家の増加や少子高齢化が起こりはじめ、人口は当初の約35％、世帯数は約60％にまで減少し、２％に満たなかった高齢化率も約35％に上昇した。ニュータウンや大規模団地に見られるような同世代が一斉入居したために起こる人口動態の典型をなぞっており、高齢化や地域社会の希薄化による担い手不足など、将来のコミュニティに不安も漂う。しかし、このような状況にありながらも、高齢者や児童の見守り活動・防犯パトロール・ふれあい喫茶など、地域ニーズに対応した積極的なコミュニティ活動が行われている。

建て替え事業の副産物

建物の老朽化に伴う建て替え事業が２００１年に着手さ

れた。全体をいくつかの工区に分け、順次工事が進捗している。大規模団地であることもあり事業完了時期は未定だが、一部の工区はすでに完成している（写真2）。

事業者であるＵＲ（当時は都市基盤整備公団）は、事業着手前から自治会や西宮市と協議を始め、三者による「浜甲子園団地まちの再生運営協議会」を２００２年に立ち上げた。協議会では、居住者が気軽に参加し自由に話し合うワークショップが実施され、事業計画への反映が行われた。ワークショップでは、「共同花壇」「ペット共生住宅」「区画貸し菜園」などがテーマとしてあげられ、居住者による自主運営を前提としたこれらの施設整備が計画に組み込まれた。すでに完成している工区には、「共同花壇」「ペット共生住宅」が整備されており、開設に伴いそれぞれ自主運営組織が発足した。

キッチンガーデン・プロジェクト

２０１２年完成予定の建て替え工区には、ワークショップで取り上げた居住者向け区画貸し菜園が「キッチンガーデン」と称して整備される計画である。これは、たんに個人や家族が楽しむ菜園ではなく、野菜づくりを通して居住者間の交流を促進し、コミュニティ育成を担う施設として考えられた。

そのため「キッチンガーデン・プロジェクト」が完成予定の2年前から動き出した。これは菜園運営の予行演習とともに、ルールづくりや組織づくりに居住者が準備段階から加わっていく取り組みである。

この背景には、２００５年完成の建て替え工区に同じくワークショップを反映して数か所設置した共同花壇の反省がある。自主運営のルールづくりや組織づくりを事業者主導で行い、居住者有志による運営が始まった。しかし、十分な試行期間がないまま活動がスタートし、また、景観に寄与する共用部分の花壇でありながら苗の費用などすべてが有志メンバーの負担であったため、次第に立ち行かなくなり解散した経緯がある。このままでは同じ結果を招きかねないため、事業者や大学も加わり、自立的で継続性のある自主運営組織の成立に向け、時間をかけた取り組みが始まった。

プロジェクトの道のり

プロジェクトは、２０１０年春、野菜づくりの予行演習で幕を開ける。呼びかけに有志約20名が集まり、共同でトマトとゴーヤのプランター菜園をつくった（写真3）。経験者が土づくりや植え方などをアドバイスし、初心者も気軽に参加することができ、水やりには自治会や大学生も協力した。夏の収穫祭ではゴーヤ料理で達成感を味わった。

第二ステップは、２０１０年秋に始まる。放置状態の共同花壇1か所を菜園に転用し、露地栽培を始めた（写真４）。作付けした種類も水菜・チンゲンサイ・白菜・カブといった秋冬野菜やハーブなど多彩になる。育てる種類・方法・準備・スケジュールといった具体的な話し合い（写真5）と畑作業を隔週の定例会で行うスタイルが定着していき、また、定例会の記録として「キッチンガーデン通信」（写真6）を同じく隔週で作成して掲示し、活動の認知や参加者募集を継続的に行った。収穫物は、年末の恒例行事である自治会のもちつきに参加して豚汁２００食分の材料として振る舞い、活動をアピールした。

第三ステップは、この２０１1年春に始まったばかりである。団地内の幼稚園・保育園と協力し、菜園を1か所増やして園児と一緒にジャガイモを育成中である（写真7）。さらに頓挫した共同花壇の植花活動（写真8）も始めるなど、管理・運営する菜園・花壇の面積を拡大した。そして、いよいよ迫った区画貸し菜園オープンに向け、ルールづくりや組織づくりの検討をスタートさせている。今ではメンバーも約30名にまでなった。

コミュニティの転換点

浜甲子園団地は入居開始から半世紀を迎えようとしており、建物の老朽化や住宅ニーズとの乖離《かいり》など、ハード面で課題を抱えていた。また、高齢化やコミュニティ活動の担い手不足など、ソフト面においても同様であった。そうしたなか、団地再生の建て替え事業が実施されたことで、ハード・ソフト両面において大きな転換期を迎えている。

建て替え事業では、居住者は希望すれば建て替え後の住宅に引きつづき住むことができる。しかし、建て替え事業を機に他所へ転出する居住者もあり、また、隣近所の配置関係が建て替え後の住宅ではシャッフルされるため、これまでどおりの近所づきあいに支障が生まれ、コミュニティの継続性に大きな影響を及ぼしている。

一方、新築の余剰住戸が発生することで、地域は新たな転入者を獲得する機会を得た。これらは若い世代が多く見込まれることから、地域の新たな担い手として期待するところも大きい。しかしながら実際には、異なる世代や価値観の新旧居住者がスムーズに交流し融合していくことは難しく、偏った世代構成から多様な世代構成へと居住者層が改善しただけでは地域の課題は解決しない。

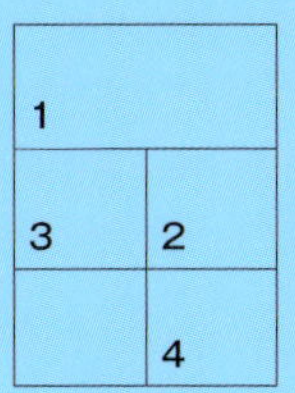

1. 浜甲子園団地
2. 建て替え済み区域
3. トマトとゴーヤのプランター菜園
4. 共同花壇を転用した露地菜園

2011年4月11日 VOL.16

キッチンガーデン・プロジェクト

キッチンガーデン通信

4月6日（水）の活動

ミーティング（話し合い）　今後の予定などを話し合いました。

4月20日（水）	5月11日（水）	5月25日（水）
・きゅうり、いんげん豆の苗植え ・ナス、トマトの種から苗づくり（苗が5月に入手不可のため） ・共同花壇の土づくり	・ゴーヤの苗植え（場所は建替工事現場のフェンス沿い） ・共同花壇の土づくり	・園児といっしょに夏野菜（ナス、トマト）と花の苗植え（中学校トライやるウィークの一環） 午前・・・保育園児 午後・・・幼稚園児

ファーミング（畑づくり）

2号棟南畑 土づくり

6号棟東畑のじゃがいも 追肥と間引き（3つあれば丈夫な2つを残す）

次回の活動
4月20日(水)
朝10:00～
さくら町1号棟集会所

みなさん ご参加下さい
・どなたでも気軽に！
・飛び入りもOK！

問合せ　参加希望など下記にご連絡を！
・UR都市再生機構

写真6 キッチンガーデン通信

(上)写真5 定例会の話し合い
(右)写真7 園児と一緒にジャガイモ育て
(左)写真8 共同花壇の植花

求心力となった〈楽しみ〉

キッチンガーデンの取り組みは、将来に不安を抱える地域社会において建て替え事業を好機として捉え、共用施設の自主管理を介してコミュニティーを育成しようとするものである。ここでは活動の求心力に〈楽しみ〉が作用した。ガーデニングや家庭菜園・ベランダ菜園が新たなライフスタイルや環境配慮などの視点から注目されはじめて久しい。土に触れ野菜を育てるという菜園の普遍的な〈楽しみ〉が、参加意向を促して居住者間の垣根を越え、将来的に人と人とがつながる場の創出に結びつこうとしている。

新たなコミュニティの形成は、施設や設備・組織・ルールといった箱や枠組みを整えただけでは成立せず、ともすれば「仏造って魂を入れず」となりかねない。キッチンガーデンの取り組みはまだまだ途上であり、過去と同じ轍を踏まないためにも、自立性や継続性を見据えたコミュニティ形成のプロセスを丁寧に紡いでいくことが求められている。

再生のカギは「子どもたちとまちづくり」

誇りと活気を伝えていく泉北ニュータウン

堺市建築都市局参与（ニュータウン地域再生担当）　堀口久義

次世代のまちの担い手をニュータウンに呼び込みたい――。その思いはどの団地でも強いのではないか。堺市には自然や文化遺産を介して地域と子どもを結びつけ、「このまちで住みつづけたい」と思わせる取り組みがある。

ほりぐち・ひさよし　1971年大阪府に入庁、建築部、企業局でニュータウンの開発や密集市街地の再開発など、まちづくりを長く担当。2008年に退職し、4月から堺市で泉北ニュータウン再生を担当

泉北ニュータウンの再生

まちびらきから40年以上が経過し、大阪府堺市南区にある泉北ニュータウンは人口減少と少子・高齢化が急速に進んでいます。特に20代～30代の若者が就職や結婚を機に転出し、次世代のまちの担い手が戻ってこないことが大きな問題です。

堺市は、ニュータウン活性化のため市民、自治会、ＮＰＯ、事業者、行政などがともに取り組むための再生指針を策定しました。指針には「泉北ニュータウンのまちの価値を高め、次世代に引き継ぐ」ため、「泉北スタイル」の暮らしを実現する取り組みを提案しています。この地域でさまざまな分野の地域活動をされている方々に取り組みを紹介していただきます。

■環境分野での取り組み（NPO法人ASUの会 柴田美治）

家庭からゴミとして捨てられる廃食油を回収し、バイオディーゼル燃料に再生して堺市清掃車に使用する活動に取り組んでいます。ニュータウン近辺には旧村が残されており、自然環境に恵まれています。この地域では毎月ラウンドテーブルを開催し、まちの課題や夢を語り合っています。

２００９年このなかから大きな成果が生まれました。ニュータウンと旧村、大人と子どもの連携でイベントを開催しました。旧村から竹を提供し、子どもが小さなカップ状に竹を切り、ASUの会が回収した廃食油を利用したキャンドルづくりの体験会には、130名の子どもが参加し好評となり、さらにこれを発展させ「冬の夜空にキャンドルのあかりを灯して」と題して、12月にキャンドルナイトを開催しました。

この企画にニュータウンの住民、旧村の住民、自治会、障害者作業所、幼稚園、介護施設、NPOなどが協力。当日は約1500名もの来場者があり、ここに多くの住民が連携して、ともに楽しみながら参画するという新しい形のまちづくりの進め方が動きはじめました。今後さらに活動を広める可能性を秘めています。

自然環境を活かした取り組み（NPO法人いっちんクラブ　松弘茂）

堺市の南部丘陵に位置する「堺自然ふれあいの森」は、泉北ニュータウンに隣接している唯一豊かな自然環境が残された場所であり、周囲の営農環境と一体的に自然環境の保全と市民のレクリエーションの場として活用されています。私たちは、この森で人々と里地里山とのつながりを回復し、里山文化の継続発展を図り「緑の財産」として保全し、人と自然、人と人がふれあえる場として次世代に継承していくことを目的とした活動を行っています。

公園に訪れる子どもたちにも、里地里山体験活動や環境学習を通して、生物多様性の意義を学ぶ機会を提供し、地域住民との交流を推進し、自然とともにまちづくりに寄与する活動をしています。季節に応じて子ども対象のイベントを企画し、樹木や花、農作物、昆虫などの生きものに触れる機会を提供しています。最初は怖々だった子どもたちも時間とともに慣れて目が輝いてきます。

2009年より堺市は、環境モデル都市に認定され、われわれも「堺市環境都市推進協議会」に参加し、私たちの活動を通じて隣接する泉北ニュータウンの活性化につながるようなしくみづくりに取り組んでいます。

音楽を通しての取り組み（はっぴいえんど音楽隊　坂田勢津子）

私には重度知的障害をもつ次男がいます。その子を育てていくなかで、1つの願いがありました。それは、障害をもつ人すべてが、なんの気兼ねもなく、集まって音楽やさまざまな催しに参加できる楽しい場所をつくりたい。健常者との垣根を取り払ったほんとうの開かれた広場をつくりたいという夢でした。泉北の地にその夢の「みんなの広場はっぴいえん

2	1
4	3
6	5

1. キャンドルづくり体験会(NPO法人ASUの会)
2. ふれあいの森体験学習会(NPO法人いっちんクラブ)
3. 障害者施設での出張演奏会(はっぴいえんど音楽隊)
4. 料理実習の職場体験(社会体験スクールKODOMO塾)
5. 子どもたちの陶芸体験(陶芸教室　喜楽歩)
6. 泉北ニュータウン学会でのまちづくり勉強会(西上氏)

ど」という、小さな喫茶店と貸しホールをつくりました。

その「はっぴいえんど」を拠点にボランティアバンドを結成し、地域のイベントや、老人ホーム、障害者の施設へ出張演奏や、音楽の指導などをしています。また子どもたちには、演奏時に多くの楽器に触れてもらい、楽器の音色を身体で感じてもらいます。音楽はすべての人たちと心を通じ合えると信じています。

この場所が泉北の音楽の発信基地となり、老若男女、世代を超えて音楽を通して温かい交流ができれば、互いに思いやりの精神をもったコミュニティが構築できるのではないかと…。その夢が実現できるよう日々邁進しています。このまちが「心のふるさと」となるよう、これからも住む人たちを楽しい音楽旋風に巻き込んでいきたいと思います。

■子育て分野での取り組み

（社会体験スクールKODOMO塾　山崎加代）

小・中学生を対象とした社会体験スクールを開校しています。夏休み期間中の職業体験、冬のスキー体験、そのほかの季節にはお祭りでの出店体験、野外活動体験では手づくり料理パーティや運動会など、また春から野菜づくり体験も予定しています。職業体験や自然体験・ものづくりを通して、子どもたちの自主性・創造力・コミュニケーション能力を引き出していけるような場所や場面を提供しています。

自分たちの生まれ育ったなじみある場所で体験することにより、地域の人々との交流を通して「こんなおもしろい人がいる！　その人たちとなにかおもしろいことはできないだろうか？」と考えはじめることからまちの再生が始まると思います。将来このまちが生命力ある地域であっていてほしい。住んでいる人々がその地を愛していてほしい。そのために何ができるのか？

今後は特に農業体験に力を入れていきます。つくるだけではない農業イベントなどを開催し、老若男女問わず気軽に参加できる内容のものを考えます。荒地なく、より緑が増え、土地や景色自体が生命力を持つ魅力的な地域になることを願っています。

■地域の文化遺産を活かした取り組み

（陶芸教室 喜楽歩　西村龍平）

泉北ニュータウンに隣接する小高い丘で、陶芸教室を開催しています。この地域は須恵器の発祥の地で、貴重な文化と創造を地域に伝達しています。「十人十色」。これが教室に掲げた標語です。

人のものをまねるのではなく、自分らしさを見つけ、創造してゆくこと。上手下手を比べるものではありません。いろいろな個性を互いに認め合う、できあがった作品もさることながら、その思いに没頭している時間が貴重です。

子どもたちは豊かな感性を持っています。土に触れ創造し土の塊がいろいろな形になる、火に焼かれてできあがってくるときのワクワク感！そうした思いを親子教室や地域でのイベント、幼稚園、小学校への出張教室などで体感してもらっています。土に親しみ、笑顔が生まれる、そんな機会を地域にもっと広げたい。地域の自然・建物・歴史・先人たちの生き方を学び、誇りをもって生きる、そうしたことを伝えたい。

この地域には、個性豊かな人たちが多く住んでいます。また豊かな自然があり、旧村の祭りや豊かな資源をもつすばらしい地域です。そのことをもっと認識し、子どもたちに誇りと活気を伝えてゆく、そんなネットワークづくりが大切です。

■泉北ニュータウン再生の鍵

（泉北ニュータウン再生指針懇話会委員、泉北ニュータウン学会事務局長、
NPO法人すまいるセンター代表理事　西上孔雄）

泉北ニュータウンでは地価の下落が進行したせいか、若者世代が都心に近い交通利便のよい場所へと流出しているのです。「まちの帰属意識の低下」が進む彼らにとってまちの価値＝生活の利便性となっているようです。20代～30代というのは、このまちで初めて生まれた世代であり、このまちが故郷でもあるのです。

しかしながら多くの若者にとって、このまちに利便性以外に魅力を感じる部分がないようです。このまちの歴史は浅いですが、ニュータウン周辺には重要文化財や豊かな自然環境などの多くの有益な資源を有しています。また、今回ご紹介したように、この地域では団塊世代を中心に市民活動や地域活動が盛んになってきています。

これらの有益な「地財」を子どもたちとともに「知財」として活かすことができれば、若者の帰属意識低下に歯止めがかかるのではないかと確信しています。「このまちで生まれた若者が将来もこのまちで暮しつづけたい」と思えるまちづくり。シニア世代が自分たちも楽しく生きがいづくりをしながら、さまざまな角度から地域の子どもたちと一緒に、まちづくりに取り組んでいく。それがまちの価値を高め、次世代に引き継ぐ「泉北スタイル」と呼ばれるように、これからもさまざまな活動支援を行っていきます。

第2章

住まい方を考える

戦後、経済成長を目指してひたすら走りつづけた日本社会。しかし、それを支えてきた担い手の多くがリタイアする時期を迎えている。すると、これまでの住居や住まい方でよいのかと不安になる。核家族のまま高齢化するのではなく、3〜4世代が一緒に住むかつての大家族制に可能性を見いだす。あるいは、今住んでいる団地を「ふるさと」として住みつづける方法を模索することも必要だ。海外事例も踏まえて、これまでの住まい方を考え直してみたい。

今こそ「大家族制」の導入を

何世代もの人が一緒に住む再生のあり方

執筆時：NTTファシリティーズ シニアアドバイザー　布谷龍司

2DKを基本とした戦後の団地は、核家族化を加速させた。それは老夫婦世帯や独居老人といった問題に結びついている。少子高齢社会となった今、「大家族制」を念頭に置いた団地再生が重要な選択肢となる。

ぬのたに・りゅうじ
1966年東京大学建築学科修士課程修了後、電電公社に入社。その後NTT役員などを経てNTTファシリティーズの社長、相談役などを歴任

時代は「核家族」から「大家族」へ

団地という言葉の定義は必ずしも明確ではない。ここでは、経営主体、所有形態にかかわらず、共同（集合）住宅群を団地と定義する。

団地といえば、すぐ頭に浮かぶのは2DK・「核家族」という言葉である。現在の日本では「核家族」所帯が60%近くを占めるといわれており、団地居住者に限れば、それよりもはるかに高い比率を示すと思われる。

「核家族」は、江戸時代以前からあり、長男は家を継いで親と同居する「大家族」になるが、次男以下は、家を出て単独に所帯をもち、「核家族」化せざるを得なかった。最近の核家族の特徴は、長男も家を出て核家族になっている点である。特に2DKの団地が「核家族」化を加速させたといわれている。

「核家族」には、大家族と比較して、居住に関するフレキシビリティーが高く、プライバシーが維持しやすいなどのメリットもある半面、種々の問題も抱えている。団地の「核家族」を例にあげれば、夫婦2人または小さい子どもとともに、「核家族」として団地に住みはじめ、やがて子どもが巣立っていき、老夫婦だけの「核家族」が残され（これを筆者は「高齢核家族」という)、なかには独居老人となり、孤独死などということになってしまうこともあるようである。

憧れの、団地生活を始めた結末がなぜこうなってしまうのか。最大の原因は、「核家族」を基本にすべてが計画されているからではないかと思われる。同じような年代が、核家族としてほぼ同時期に住みはじめれば、いずれ高齢者だけの活気のない地域になってしまうのは、当然の帰結である。人間の住む地域には、何世代にもわたる人たちが生活し、お互いが役割を果たし、助け合ってはじめて持続可能な活気のある地域が実現するのである。

歴史的に見れば、わが国は、子どもをたくさん産み、今のように寿命も長くない、「多子短寿命」の時代が長かった。その後、1973年頃の第二次ベビーブーム以降出生率が低下し、少子化時代になり、一方、医学の進歩や食生活の改善などによって寿命が大幅に延びて、「少子長寿命(高齢化)」の時代になったのである。筆者は、「少子長寿命」社会における家族のあり方としては、「核家族」ではなく、何世代もの人たちが一緒に住まう「大家族」こそふさわしいと考えている。

2DKの団地建設は、「多子短寿命」の時代の住宅政策としては、役割を果たしてきたと思うが、これからの団地のあり方を考え再生を検討するにあたっては、社会が「少子長寿命」へ変わってきたことを念頭に置き、発想を転換して、団地に「大家族」を取り入れる工夫をすべきであると考える。

具体的な改造方法とメリット

図1は、一般的な公営(公団)団地でよく見かける低層(3階~5階)の集合住宅を改造して、大家族が住めるようにしたものである。すなわち、「大家族」用に、2DKそのままの住戸(Bタイプ)と2つの2DKの住戸を2戸1化(2戸を改造して1戸にすること)して3~4LDKとした住戸(Aタイプ)をつくり、AとBをセットにして大家族の住まいと考え、Aタイプには若夫婦と子ども、Bタイプには、バリアフリー化を施して親(老)夫婦が住むというようにしたものである。A、Bは基本的には独立とするが、状況によって出入り可能な扉を設けたり、各種監視装置やセンサーなどを設ける。若夫婦が年をとり親が亡くなったときは、Bタイプに移り、Aタイプはその子どもたちが使う。詳細は図2に示す。このようなサイクルを繰り返し、多数の大家族が何世代にもわたって住むことにより、団地で赤ちゃんからお年寄りまでが生活し、活気が保たれる。また、4~5階建てでエレベーターなしでは、入居希望者も少ないので、エレベーターの設

図1：団地改造の例

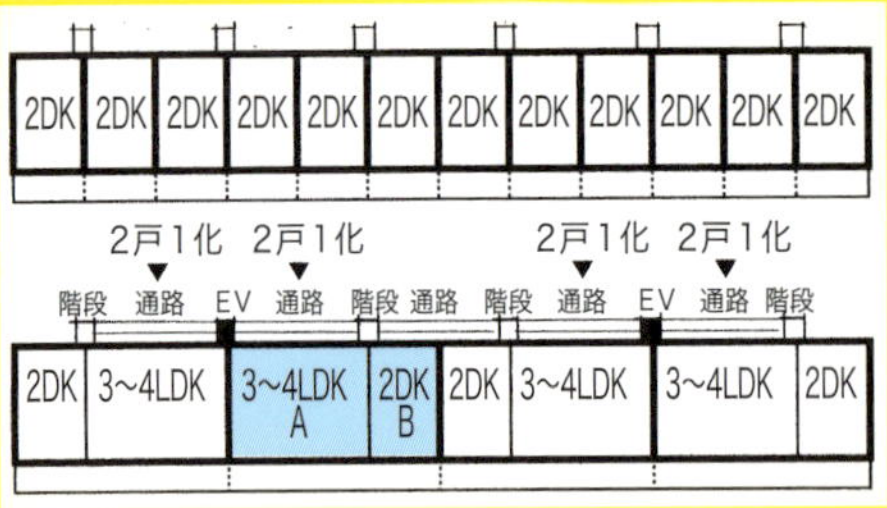

［図2の仮定］

1. 0~30歳までは、親と同居し、30歳で結婚し、子育てが始まる。
2. 60歳で、子育てが終わり夫婦2人の生活になり、職業も定年・転職などの転機を迎え、生活様式が大きく変わる。
3. 結婚独立した若夫婦は、60歳ぐらいまで住居パターンAに居住しつつ隣接のパターンBに住む両親の介護も行う。
4. 60歳前後で住居パターンAから住居パターンBに移住し、90歳で天寿をまっとうする。

図2:再生された団地における「大家族」の居住サイクルの例

	0~30年	入居	30~60年	入居	60~90年	入居	90~120年	入居	120~150年	入居
祖父母	60~90歳	B								
両親	30~60歳	A	60~90歳	A→B						
子ども	0~30歳	A	30~60歳	A	60~90歳	A→B				
孫			0~30歳	A	30~60歳	A	60~90歳	A→B		
曾孫					0~30歳	A	30~60歳	A	60~90歳	A→B
玄孫							0~30歳	A	30~60歳	A
来孫									0~30歳	A

置を検討することになるが、本提案のような規模の場合、2基の設置で済む。

このように「大家族化」を前提として団地を再生した場合の効果を整理すると、以下のようになる。

①従来の大家族主義は、大きな一軒家に何代かにわたる家族が住むため、世代間の生活様式の違いによる各種問題・プライバシーの問題・嫁姑問題など種々の課題を内蔵し、「核家族」化志向を強めたところであるが、本計画では、老夫婦・若夫婦が独立した生活をすることを基本としているので、このような問題は発生しにくい。

②大きな改造をしないで、年齢構成や家族構成にふさわしい住まい方ができる。

③高齢者が孫の面倒を見ることにより、若夫婦が共働きしやすく、働きながらの子育てが容易になり、少子化に歯止めをかける効果もある。

④高齢者の介護を可能な限り身内が行うことにより、老人介護問題の解決に役立つ。

⑤高齢者夫婦、若夫婦が支え合うことにより、勤労意欲のある高齢者も職につきやすく、人口減少に伴う労働力不足問題の解消にもつながる。

⑥高齢者夫婦、若夫婦相互監視により、防犯効果も出る。

⑦代々引き継いで住むので、居住者が定着し、若夫婦同士、高齢者夫婦同士の2つの核から始まるコミュニティの輪が形成されやすい。

⑧規模が大きい団地の場合、医療体制や諸設備を整えやすいので、そうなれば身内の高齢者介護が軽減される、など。

実現の可能性

2戸1化については、20~30年前から、電電公社（NTTの前身）などが、社宅の改修として実施しており、今でも官民問わず住戸規模拡大の手法として行われており、技術的には確立されていると考えてよい。3戸分を使って2戸にする3戸2化、さらに1戸にまとめる3戸1化なども可能である。

問題は、A、B合わせると、大きな住戸面積になるため入居者の経済的負担が大きくなり、一般の人たちにとって、取得（または賃借）が可能であるかどうかである。立地条件などのよい団地でこのような改造をしても、ユーザーの可処分所得を超えてしまい、成立しない可能性が高い。そのような団地にはそれなりの再生手法を考えればよい。

逆に、郊外に立地する団地の場合、このような再生が十分可能であると考えられる。執筆時のインターネット情報であるが、東京近郊のJR武蔵野線・新三郷駅からバス乗車5分にある、みさと団地（築29年）の一部で、隣接する住戸を2戸1化して90・59㎡の4LDKとした物件が、1280万円で売り出されていた。これをAタイプとし、元の住戸（Bタイプ）を組み合わせて、大家族（多世代の家族）が住むとした場合、経済的にも無理な話ではないと思う。新三郷駅は、東京駅まで約55分、東京ディズニーリゾートがある舞浜駅まで約45分で、不便なところではない。この程度の立地条件の団地は、全国に無数に存在すると思われる。

エレベーターの設置について

過去の団地では、5階建てまではエレベーターの設置がなく、4階、5階部分に住む居住者が階段の上り下りに苦労している。では3階以下ならよいかといえば、必ずしもそうではない。2階建ての一戸建て住宅に住む高齢者が、階段の上り下りが大変なため、1階部分だけで生活しているという話をよく聞く。4、5階部分を撤去して3階建てにするという減築によってこの問題を解決しようという動きもあるが、根本的に解決されるわけではない。積極的にエレベーターを設置し、高齢者などが5階部分でも安心して住めるようにすべきである。

今後の団地（集合住宅）を考えるにあたって

今後の団地について考える場合、まず、念頭に置くべきことは「多子短寿命」社会から、「少子長寿命」社会へと変わり、家族のあり方も、「核家族」から「大家族」が好ましい社会に変わってきたということである。

また、わが国の（特に集合住宅の）住戸規模は諸外国に比べて見劣りがする。わが国の住宅が、量的（数的）には充足され、質的向上の時代に入ったといわれるようになってから久しく、その後は、団地の再生や住宅の住み替え、改造にあたっては「質的向上」が大きなテーマになっている。そこで大事なことは、住宅の「質」とは、躯体の耐久性・耐震安全性の確保や最新の設備機器の導入など当然なものは別にして、建物としての見映えの良し悪しという質ではなく、そこで営まれる「生活の質」が、健康で豊かで文化的かどうかということであろう。そして、「生活の質」を向上するための要素として、もっとも大事なことは、各住戸の面積ではないかと思われる。狭い住まいでは、十分に健康で豊かで文化的な生活を実現しにくい。

表1は筆者が2008年に立ち寄った、中国大連の郊外で地元のデベロッパーが開発している団地の住戸規模である。わが国の団地の住戸規模だけでなく、最近売り出されるマンションなどと比べても、大連でははるかに豊かな居住スペースが用意されている。したがって、団地再生にあたっては、「核家族」、「大家族」に限らず、2戸1化などの技術を多用して、住戸面積の拡大を第一の目標に掲げる必要があろう。

なお、団地再生の検討に当たって、減築を考える向きもあるが、一戸建て住宅で、入居者が高齢化してきたため不要な部分を取り除いて、生活しやすい状態にするという減築なら1つの考え方であると思うが、一部とはいえ、団地のなかの居住可能な部分を撤去してつじつまを合わせるという考え方はいかがなものであろうか。

団地再生の根底には、たんに経済合理性に基づく判断だけではなく、最近重要視されてきた地球環境保全や省資源・省エネルギーの観点を加味した価値観から、既存の資産を活用して時代の要請に合うよう、新たな生命を吹き込もうという考えがあるはずであるが、減築はその考え方にも反する行為であり、行うべきではないと筆者は考えている。

昔は野球、今はグラウンドゴルフ

利用者の少ない遊戯施設

表1：中国松源集団が開発中の大連郊外の団地の住戸規模

	形式	規模(㎡)
1	2LDK	93
2	2LDK	82
3	3LDK	104
4	2LDK	77
5	3LDK	140
6	2LDK	126
7	3LDK	132
8	2LDK	83
9	2LDK	90

団地はこれからの「ふるさと」

〈企業遊牧民〉の思いが再生を牽引

仕事を求めて地方から都市部へ移り住んだために、「ふるさと」をもたない人々が増えている。ならば今住んでいる団地が「ふるさと」となるはずだ。住みつづけたいという思いを起点とした団地再生とは――。

一般財団法人住総研 専務理事 岡本 宏

おかもと・ひろし
1944年東京生まれ。1967年早稲田大学理工学部建築学科卒業、同年清水建設入社。2003年常務、2008年退職と同時に現職。建築業協会設計部会長、日本建築学会副会長、国交省中央建築士審査会委員などを歴任

ふるさとへの変わらぬ想い

２００９年の夏、盛岡近郊の石川啄木記念館を訪ねた。明治19年2月に盛岡近郊の常光寺で長子として生まれ、若くして各界からその才能を期待されつつも、詩人としての性癖からか、ひとところに長く居つづけることがない。思いを完遂することなく明治45年26歳の短い人生を閉じた啄木、その生涯の足跡がここ石川啄木記念館に収められている。中に、啄木が亡くなる10か月前に、「理想のわが家」として書きつづった家を、後の人々がイメージして再現した模型が展示されている。

案内書から啄木の遍歴の一端に触れてみる。盛岡中学校退学後、明治35年東京に出て与謝野鉄幹、晶子に会う。明治38年幼なじみ、堀合節子と結婚後しばらく盛岡市内に家を借りて親兄弟と同居して住む。明治39年自ら通った渋民尋常小学校代用教員として勤務、この間に住んだのが盛岡郊外のかやぶきの斎藤家。長女誕生後の明治40年函館に移る。弥生尋常小学校代用教員を2か月ほど勤めた後、函館日日新聞社の遊軍記者となるも函館大火でひと月もたたず仕事を失う。同年9月に札幌で北門新聞に、10月には小樽日報社に、翌年釧路新聞にそれぞれ勤務するも長く続かず、4月には東京に向か

う。本郷に下宿、東京朝日新聞社校正係に勤務する傍ら文学活動に専心。明治42年妻子を東京に迎えるとともに下宿から同じ本郷内で転居。明治44年小石川に転居。明治45年母死去、同年父、妻、若山牧水に看取られて本人死去、同年次女誕生。その2年後妻節子死去。啄木が夢見た「わが家」はこうした背景のなかで生まれたのであろう。悲しく、はかない人生が求めた「故郷でのわが家」。楽しげな模型と啄木の歩んだ人生との対比が際立つだけに物悲しさが漂う。

さまよえる都会人

しかしこうしたことは何も石川啄木だけに起きるとは限らない。近代産業の成立により生産の場と暮らしの場が切り離され、地元を離れた給与所得者は近代産業の担い手として、職を追い全国を転々と移り住む。親と子から成る核家族化が急速に進行したこの時期は、まさに日本の社会が土地に根づいた農耕民族的生活から、職を求めてさまよう狩猟民族的生活へと大きく変わった時期でもある。筆者が勝手に名づけた〈企業遊牧民〉にとっては、企業への就労が、家族とじっくり同じ場所に住みつづけられることとはならない。皮肉なことではあるが、終身雇用制のもとでの安定した生活保証のために、転勤と転居の不安定な生活が続く。子らの成長とともに家族を帯同できずに父親の単身赴任も頻繁に起こり、家族を犠牲にすることも珍しくない。住まいがようやく安定するのは、退職近くなってやっと手に入れられる、かつて「住宅すごろく」が描いた「郊外の小さな庭付き戸建て」ということであった。啄木は自身のふるさとにわが家の夢を描いたが、都会人は郊外に新たなふるさとを求める。しかしやがて高齢化とともに訪れる自らの体力低下や、子への継承も期待し難い、都心から離れた「郊外の小さな庭付き戸建て」は、高齢期の居住として不向きとの指摘もあり、家族のふるさととして盤石ではないようだ。

一方で、就労人口の急激な都会集中で発生した家族向け住宅不足の解消のために、昭和30年以降、住宅公団をはじめ100万戸以上の公共の集合住宅が建設された。団地再生が叫ばれるのは、老朽化したまま膨大な社会ストックとして残されていることへの将来への危惧と、当時の開発の際の多大な自然破壊を伴ってきたことへの反省から発せられている。しかし団地に住みつづけるためには、耐震性能不足、機能劣化、老朽化など物理的な課題に加えて、高齢期にふさわしい住まいへの備えなど多額の経済的負担を乗り越える必要がある。建て替えてはどうかとの議論になるが、平成11年5月3日号の日経アーキテクチャーは「築30年以上の分譲マンションは全国で10万戸以上あり、2010年には100万戸に達する見込みだ。しかしその建て替えは、数々の特例措置の恩恵を受けた阪神大震災の被災マンションを除くと全国でもまだ40件強。いずれも区分所有者の全員合意による『任意建替え』であり、公共系の団地の特徴ともいえる余剰容積を活かし、保留床売却によって自己負担をなくしたことが合意のポイントになっている。余剰容積がなく、区分所有者数も多い大多数のマンションでは、全員合意を得るのはほぼ不可能といわれてきた」とその難しさを報じている。しかしそうした課題をおしても、「郊外の庭付き戸建て」から見るとはるかに都心に近く、家族が近住する可能性も高く、また郊外でも得難い豊かな緑に囲まれた環境は、今や団地の特筆すべき価値になっている。住民のなかには今後とも団地に住みつづけたい理由の第一に「豊かな環境」を挙げている事例も見る。さらに長い間に形成されたコミュニティも少子高齢化のもとではかけがえのないものだ。

日本の人口は暫減、65歳以上の人口比率は2006年に20%を、単身所帯数は2025年に夫婦と子どもから成る標準家族数を超え1700万、34・5%を分けても高齢者の単身所帯が34%をそれぞれ超える見込みという。少子高齢化のもとで子に親の面倒を見てもらえる保証もない。住まいが団地であろうが、郊外の庭付き戸建てであろうが、近代産業のかつての担い手世代の高齢化とともに、住まい方や住まいを再考する時期にきているようだ。

ふるさと意識の芽生え

都市化や開発の波にのまれ、都会生まれの家族も「里や実家を失う」ことがしばしば発生する。まして地方出身者の第二世代、第三世代にとっては親の田舎をふるさとと実感できる感覚は薄れている。こうして「実家がない、里がない」家族が増える。そうしたなかでも、幸い同じ場所に30年間以上住みつづけることができた家族、特にそこで生まれ育った子ども世代にとっては、その場所や風景はかけがえのないふるさとであろうと推定できる。幾多の課題があるにせよ、育った風景が変わることには耐えられない。近隣には顔見知りの住人も多く、まわりには30年かけて育った豊かな緑がある。住まいを巡る環境そのものが自らの体の一部になっている。

思いを共有できる場づくり

団地再生を、工学面や経済面からアプローチしてきて久しいが、いまだに確固たる解決策を見いだせないでいる。そこで、「そこに住みつづけたい、家族のふるさととしたい」と

【啄木が描いた「わが家」】（説明書きより）

晩年、東京で過ごしていた啄木は、故郷へ帰り、家を建てたいと願っていました。

顔を洗っている間、あるいは仕事から帰ってきて夕餉の茶を啜り、煙草をのんでいる時などに、ひょっと家のことが心に浮かんだことが、詩稿ノート『呼子と口笛』の中にある詩「家」の中に記されています。それからイメージして、啄木の夢に描いた家を和紙で造ってみました。

それは具体的には次のような家です。

「場所は鉄道から遠くない所で、村のはずれに選びたい。家の造りは西洋風でさっぱりとし、広い階段とバルコニーが欲しい。明るい書斎、そこにはすわり心地のよい椅子があり、妻が泣く子に添い寝しながら乳を飲ませる一間も設けよう。庭は広く、草は繁るにまかせておく。庭の隅には大樹を植えて、白塗りの木の腰掛けを置き、雨の降らない日はそこに出て、エジプト煙草をふかしながら、四五日おきに送られて来る丸善からの新刊の本のページを切りかけて、食事の知らせがあるまでうつらうつらと過ごそう。また、村の子供を集めてはいろいろな話を聞かせよう」

はかない夢と思いつつも捨て難く、ひとり胸のうちに秘めつつ、この10カ月後に啄木は亡くなりました。

ふるさとへの導入部（希望ヶ丘団地バス停付近の広場）

願う住民の想いを起点に再考してみてはどうだろうか。標準的につくることを規範につくられてきた既存の団地に、ふるさととしての思いを表象する仕掛けと、個々の住人の多様な思いを重ねることができれば新たな展開が得られるかもしれない。「住宅すごろく」のシナリオのもとで、団地は、主に若い核家族のための住宅であり、将来は「庭付き一戸建て」へ住み替えると決めつけてきた「住まいの住み替え論」に対し、１９８０年代半ば以降そこを永住型として位置づけて住む家族が増えているという。単身赴任があろうが、企業優先から家族優先への価値観の変化も垣間見えはじめている。

『兎追いしかの山、小鮒釣りしかの川、夢は今もめぐりて、忘れがたき故郷／如何にいます、父母、恙なしや、友がき、雨に風につけても、思ひいづる故郷／こころざしをはたして、いつの日にか帰らん、山はあおき故郷、水は清き故郷』

高野辰之作詞の昭和初期の尋常小学校唱歌である。

兎がネズミ、山がごみの山、川はどぶ川では悲しい。唱歌では、故郷は帰るところと考えていたが、「帰るふるさと」もない者がますます増えそうだ。とすれば、「ふるさととは帰る場所ではなく、そこに家族が住みつづける場所」と定め、英知を尽くして「その場所の特色を活かした新たなふるさとづくり」にまい進する。団地再生もその延長上にあるように思える。

「女性だけの共同体」が秘める可能性

ベギン会に見る新しい居住の形態と理念

建築家／マインツ工科大学 建築学科 教授 河村和久

「地域社会や家族の一員として、自分にできることを精一杯やって、みんなと一緒に生きていきたい」。そんな願いを込めてドイツの女性たちが実践している「擬似家族居住共同体」は、〈生活の場〉への多くの示唆を与えてくれる。

かわむら・かずひさ
1949年福岡県生まれ。東京藝術大学建築科卒業後渡独。アーヘン工科大学工学部建築学科卒業。ケルンにて自営。ライネフエルデ日本庭園など日独交流プロジェクトに参加

ベギンホフとベギン会

ベルギーのフランダース地方の古いまち、ブルージュやゲントの旧市街には、堀や壁で囲まれ、広い中庭をもつ美しい高密度の都市住宅がある。いわゆるベギンホフと呼ばれるもので、古いものは13世紀にさかのぼる（写真1）。これらは、ベギン会という女性だけを会員とする独特の自治組織のもので、今でいえば〈コーポラティブハウジング〉だ。

敷地のなかには教会や礼拝堂のほか施療院や食堂もあり、日本で普通ベギン会修道院と訳されるのもうなずけるのだが、いささか正統の修道院とは異なる。会員の女性たちは俗世間と交流をもつことや、労働による金銭収入を得ることが認められ、退会すれば結婚することも許されていた。女性が従属的な生き方を強いられた中世では、十字軍で夫を失ったり結婚できなかった女性にとって人間らしい生活をするための選択肢は非常に限られていた。ベギン会は、こうした女性たちの自立を支援する組織として1250年前後にフランダース地方で生まれ、女性の新しい生き方としてヨーロッパ各地に浸透していった。しかし、終身誓願を立てず半聖半俗の特徴的な宗教生活を営む自立した女性たちに対するローマ教会の敵意は激しく、「異端」としての「魔女裁判」などで常

に迫害の危険にさらされていた。

現在、フランダース地方には30か所以上のベギンホフが残っており、そのうち13か所がユネスコの世界遺産に登録されている。日本人観光客が多いブルージュのものが有名だが、最大規模のベギンホフは、ブリュッセルに近い大学都市ルーヴェンにあり、17世紀までに建設された95棟の住居と教会、施療院などが、運河で仕切られた落ち着いた街区を形成している。

平均して200人もの女性が自給自足の生活を送っていたそうだが、1988年に最後のベギン会員が亡くなり、現在はルーヴェンカトリック大学の寄宿舎として利用されている。

ベギン会の活動

「ベギン館」「ベギン会院」は残っていないものの、中世にフランダース地方と商取引で結ばれていたドイツの諸都市にもベギン会があり、それぞれの町で会則に従った活動を行っていた。

たとえば、現在のルール地方エッセン市では6つの「ベギン会院」が13~14世紀に創設され、19世紀初頭まで500年にわたって市の信仰生活、経済生活に大きな影響力をもっていた。彼女たちは、野菜やハーブなどの農産物、パンやビール、織物などの生産に携わり、その販売も行った。それにもまして、中世、近世を通じて大変貴重なものだったのは、まちの子どもたちの養育や教育、病人の世話や老人介護といったソーシャルワーカーとしての機能だったに違いない。

修道女とは異なりベギンの女性たちは、それぞれが自活していたが、経済的な援助が必要なベギンのためには一連の救済制度も整っていた。その代表的なものが〈聖霊のターフェル（食卓）〉と呼ばれる無料の食事サービスと施療院であり、年老いた会員の介護などを含めて、その相互扶助のシステムがこの運動の拡大を促したのは確かなようだ。

とりわけ、一人暮らしの女性にとって、子どものことや、病気のときに頼れる人がいたり、人間らしく老後を過ごせそうだという見通しは何にもまして魅力だったのではないだろうか。ただ彼女たちの神秘主義に根ざした信仰生活は、カトリック教会の主流から外れていたため、大衆からはうさんくさい、危険なウーマンリブの秘密結社とみなされていただろうとは想像できる。

たとえば、ベギン会で看取られて亡くなった会員の財産は自動的に所属の会に帰属するという規約も、会の内部では、幸せな老後を終えた会員の次の世代への当然の贈り物と捉え

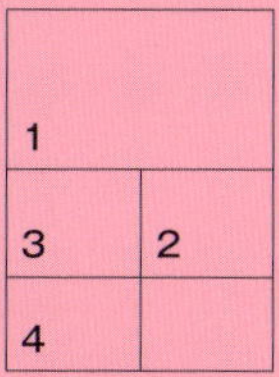

1. ブルージュのベギンホフ
2. 落成記念パーティでの中庭の様子。写真右が改築後の建物。手前のバルコニーは新設
3. 集会ホールでのなごやかな〈家族会議〉
4. 現在２歳から９歳までの５人の子どもがそれぞれの母親のもとで生活している

られても、相続権のある身内から見れば〈オカルトセクト〉の陰謀としか思えなかっただろう。その辺の社会通念と、女性たちが自立して生意気になるのを嫌ってきた社会の一般的傾向とが相まって、この「女性運動」の広がりを妨げてきたのかもしれない。

しかし、その組織の目指すもの、それを可能にする都市住宅的な〈集住〉の形態、そして今に残るその美しさを目にするとき、ベギン会の理想には今日に引き継がれるべき要素に満ちあふれていることがわかる。人々が社会から疎外され、仕事がたんなる金稼ぎでしかなくなり、豊かに人間らしく老い、死んでいくことが難しくなってきた今日、その理想の実現がさらに切実となってきているのではないだろうか。

今日のベギン会とベギンホフ

19世紀初頭、フランス革命に端を発する教会財産国有化の波は、ベギン会をも巻き込んだ。エッセン市を例にとれば、前記の通り6か所あったベギンホフもすべて閉鎖された。しかし、多くの有志たちはその後も活動を続け、1843年には新しい教団を組織し、キリスト教会に付属した形での活動を再開した。現在も、エッセンとその近郊にある老人、長期療養者介護施設や成人教育施設の多くはこの教団法人が経営している。

同時に、この修道会系統とは別に、女性が自立しつつ、さまざまな分野で社会に貢献していくために、血縁のない者同士でも、同じ理想をもつ親子姉妹として〈家族的な共同生活〉ができる場所をつくろう、というベギンの伝統のもとに活動してきた女性たちがいた。彼女たちは、1990年初め頃から組織を非営利法人や財団法人として社会的に位置づけ、各種のチャリティー活動や勉強会を開いて有志を募り、それぞれの集住プロジェクトを推進してきた。

現在ドイツの21都市にあるベギン会は、情報交換、法律や財政の相談のため共同で〈連合会〉を組織し、ブレーメンやドルトムントなどすでに10か所で「現代のベギンホフ」を実現している。

2008年に完成したエッセンのベギンホフは旧エッセン市税務署の建物を改装したもので、26歳から84歳のベギン24人と5人の子どもが生活している（写真2〜4）。

1階には、喫茶店（25席）と、約15㎡ずつの営業用スペースが6か所あり、すべてエッセンベギン会会員である助産婦、自然療法士や税理士などの事務所、診療所として機能し、上の3階に24の住居（46〜125㎡）と談話室、瞑想スペースやフィットネスルームのほか、集会ホールがある。このホールは、各種の催し物や音楽やダンスのレッスン場として会員以外の使用に開かれている。住居、事務所の家賃は、地域の一般水準だが、ホールや談話室など、共同スペース維持のため月々約3000円を住人が負担する。

さて、ベギンホフの住人となるためには〈ベギンの約束〉を誓う1つの儀式を経なければならない。ベギンホフはたんなる集合住宅とは違い、〈擬似家族〉としての共同生活をめざす以上、なんらかの形で〈絆〉の確認が必要となる。候補者は〈仲間〉の前で〈仲間〉となる約束の言葉を言うことになっている。その内容は、「自分に正直でありつつ生活共同体の一員となり、持てる知識や才能を活かして〝共同体〟そして世の中のために貢献する。」というものだ。

2002年に法人登記して再出発した当時、エッセンベギン会は会員5人の細々としたものだった。しかし、2006年からの共同生活実現に向けたPR活動、実際的な作業やディスカッションを通じて仲間の輪を広げ、現在会員は70人になっている。そしてまさに、その間のいろいろな活動を通じたふれあいのなかで、お互い同士ほんとうに〈家族〉として一緒に住めそうな仲間たちのグループを見つけ出していった。さらに、月二度の〈家族会議〉では、いろいろなテーマの細かい点までも話し合い、共同生活で起こりがちな不満やいざこざの根が深まらない努力が常になされているという。

このユニークな共同生活の実験を、今後も見守っていきたい。

人の心を癒やす「建築の創造性」

がん患者のためのマギーセンターから学ぶ

佐藤由巳子プランニングオフィス　佐藤由巳子

さとう・ゆみこ
明治大学建築意匠学博士課程修了。経営修士。前川國男建築設計事務所、財団法人いけばな草月会を経て、佐藤由巳子プランニングオフィスを主宰。現在、公益社団法人日本医業経営コンサルタント協会広報委員も務めている

終生住みつづけられる団地をめざすのならば、病気で傷ついた人も心地よく過ごせる施設が必要だ。イギリスのマギーセンターの建物と設計思想を紹介しながら、建築がもつ創造性を活かした住まい方について考える。

在宅介護・看護の時代

最近、団地内の高齢化が問題になっています。ＵＲ都市機構内にも新たな福祉サービスの充実を図ろうと団地再生などについての議論が盛んに行われています。

一方、現在、日本人の2人に1人ががんにかかり、3人に1人ががんで亡くなる時代といわれています。そして、いわゆる「がん難民」と呼ばれる、再発の不安を抱えている人々や、これ以上の治療法はないといわれ退院した人々などが年々増えつづけています。

イギリスのマギーセンター

皆さんは、イギリスのマギーセンターをご存じですか。「マギー」とは、マギー・ケズウィック・ジェンクスさんのファースト・ネームです。このセンターは、彼女の名前を付けた、がん患者とその家族と友人たちのための、がん情報相談支援施設です。

マギーさんは、１９８８年、47歳のときに乳がんとわかり、乳房切除術を受けています。しかし、5年後の１９９３年、がんは転移し、余命数か月と告知され、その18か月後の１９９５年、2人の子どもを残し、53歳という若さでこの世

を去りました。マギーさんは、中国庭園の研究家で造園家。夫のチャールズ・ジェンクスさんは国際的に有名な建築評論家です。

がん患者のための安息所

マギーさんは再発し、余命の告知を受けてから、がんと懸命に向き合い闘いつづけました。その自らの闘病経験をもとに、ほんとうにがん患者に必要なものは何かを考え、がん患者と家族、友人たちのための無料の相談所を開設することにしました。

そのきっかけは、以下のような自らの経験とがん患者たちの感想からです。

第一は、医師からの告知があまりに強烈なパンチを受けたような衝撃だったにもかかわらず、看護師から「ほかの患者さんたちが待っているので、廊下に行きましょう」と言われたことでした。彼女は、たとえどんなに優しく伝えられたとしても、その場の移動を促されることは適切でないと感じました。

第二は、病院内の化学療法のほかに自らも治療に参加しようと、食事や栄養、サプリメントのほか、免疫力を高めることに関心を寄せ、挑戦しつづけたことです。そして、自分自身が治療に積極的に参加することは心地よいと感じたことでした。

第三は、がんの治療法や補完療法についての情報があまりにも多すぎることでした。誰もが自分の治療法を見つけ選ぶことができるように、正確な情報と信頼できる案内人が欲しいと思いました。

こうした考えを、担当の医師とがん専門の看護師ローラ・リーさん（現マギーセンター長）に話し、患者が1人の人間に戻ることができ、「死の恐怖のなかでも生きる喜び」を再発見できるような、患者にとって信頼がおける家庭的で安全な安息所の必要性を説きました。そして、こうした安息所の考えを具体的に進めようと闘病中にもかかわらず建築家に依頼し、入院中の病院の敷地内に見つけた小屋をがん情報相談支援所にしようと、青写真を完成させました。

現在、マギーセンターは全英に10か所あり、2012年までに12か所になる予定です。2012年春にはイギリスの南西部、サウスウエストウェールズに同じくがんで亡くなった建築家・黒川紀章さん設計のものが完成しました。

発祥の地エジンバラ

第1号のマギーズ・エジンバラは、マギーさんの死の1年

2	1
4	3
6	5

エジンバラ・マギーセンター
1. 病院の敷地内の小屋を造改築したエジンバラ・マギーセンター（第1号）
2. トップライトと黄色のインテリアで明るい玄関

グラスゴー・マギーセンター
3. 古い建築を利用したグラスゴー・マギーセンター（第2号）
4. 内部は改装し、公園の緑を取り入れた居間の空間

ダンディ・マギーセンター
5. 記念切手になったフランク・ゲーリー設計のダンディ・マギーセンター（第3号）
6. 天井の高い居間。ここでソファに寝ながらグループ療法をします

2	1
4	3
6	5

インバネス・マギーセンター
1. 北のインバネス・マギーセンター（第4号）。テラスで日光浴
2. 木のインテリアとトップライトで内部も明るい
ファイフ・マギーセンター
3. ザハ・ハディッド設計のファイフ・マギーセンター（第5号）
4. 三角形のトップライトが楽しいインテリアになっています
マギーセンター・ロンドン本部
5. ロンドン市内の病院の敷地内にあるマギーセンター（本部、第6号）
6. センター内のダイニング。中庭の向こうに総合病院が見えます

写真撮影：ナカサアンドパートナーズ 藤井浩司

後（1996年）に開設した、小屋を改造（後に増築）した庭付きの小さな建物です。インテリアは、外観のおとなしい佇まいとは異なる黄色を基調とした元気で明るい空間になっています。訪れると、ボランティアの人が優しい笑顔で「ハーイ」と声をかけ、がん専門の看護師が私服で現れます。だれでも笑顔で迎え、お茶を勧め、質問や疑問に優しく答えてくれます。さらに、ストレスの多い患者には心理療法士の個人面談を勧め、また、誰でも参加できる管理栄養士や運動療法士による栄養や運動のプログラムなどを提供しています。こうしたすべてが無料で、お茶を飲みに立ち寄るだけでも許される静かで安心できる家庭的な場所になっています。

その6年後に開設した第2号（2002年）は、グラスゴーの総合病院の敷地内にある、夫のチャールズさんが担当したビクトリア朝時代のレンガ造の旧守衛所の改築です。

第3号（2003年、ダンディ）は、ジェンクスさん夫妻の友人である建築家フランク・ゲーリーさんが設計した物見やぐらのある小さな白い古民家風の建築で、英国の記念切手にもなっています。

第4号（2005年、インバネス）の設計はスコットランドの建築家、ページさんとパークさんによるもので、緑色の屋根のこの建築は、トップライトからの日差しで内部はいつも明るい雰囲気になっています。

第5号（2006年、ファイフ）の設計は、女流建築家、ザハ・ハディッドさんです。元炭鉱地だったというまちを象徴した真っ黒で鋭利な三角形の塊は戦闘機のようだと町中の評判になりましたが、内部は真っ白で天井にある無数の小さな三角形のトップライトがかわいらしい印象です。

第6号のロンドン・センター（現本部）は、やはりチャールズさんの友人のリチャード・ロジャースさんのパートナーたちの設計で、2008年、FX国際インテリア賞医療部門の最優秀賞に輝いています。鮮やかなオレンジ色の外観がロンドン市内の街角に映えています。

第7号（2010年、コッツウォルズ）は伝統的まちなみのなかにあります。

建築のデザインが心を癒やす

マギーさんは、「建築と環境が人の気分に深い影響を与える」「精神を刺激し、回復させ、リフレッシュさせるような建物をつくる」ことをセンターの目的としました。さらにセンター側は「建物がすべて同じであれば、環境をもっとも創造的な方法で利用することはできない」とし、建築デザインの多様性を肯定しています。

センターの『建築概要』には、全体のコンセプトは家庭的（ドメスティック）で明るく静かで、人を受け入れるような空間にすること。自然のなかにいるようで小規模（約２８０㎡）。オープン・キッチンと薪用の鉄製ストーブ、水槽があること。最大で約12人が収容できる部屋を含め、間仕切りはできるが、プランはオープンであることなど、建築の目標が箇条書きになっています。

各センターは地元の寄付行為によって成り立ち、年間数万人の訪問者があります。そして、喜ぶべきことは、建築のデザインの良さが、訪れる人々に高く評価され、親しまれていることです。

センターは「私たちの建物はそのデザインによって、訪問するすべての人々に想像力をもたせ、社会的地位が上がるように励まし、力づけています」。夫のチャールズさんは「センターの建築は、隣接する普通の病院建築とは対照的に、衝撃的な形と気さくな雰囲気によって、病気で傷ついている人々は社会にとって大切にされる存在なのです、という明確なメッセージを出しています」と言います。

マギーセンターの建築のデザインの良さは、がん患者に親しまれ、寄付金集めに大いに貢献しています。日本のがん患者の皆さまにも建築のデザイン力によって、患者を尊重し、癒やすことができる建物（場所）を提供したいものです。

団地にも保健室を

超高齢社会を迎えるにあたって、団地にも建築デザインに優れた、家庭的な〈団地の保健室〉のようなものがあるといいですね、とは東京の市谷で約20年間、在宅訪問看護師を続けている秋山正子さんの弁です。

秋山さんは私も会員である「30年後の医療の姿を考える会」の会長です。

暮らしつづけた団地を「終の住処」にするためには、住民の自立意識も重要ですが、それを支える各地域の自治体の理解も不可欠です。それが今、少しずつ、変わろうとしているようです。

団地に根ざしたアーカイブ施設

建て替え後に残る記憶の意味

全面建て替えとなった団地を見たことがあるだろうか。目の前の風景と、頭のなかにある風景とが結びつかないのだ。もしも、かつての記憶を留める施設があれば、住民の喪失感を補い、新住民とを結ぶ懸け橋となるはずだ。

東京大学博士課程／赤羽台プラス　市川尭之
井本佐保里

いちかわ・たかゆき
1984年東京都生まれ。東京大学医学部・工学部卒業、現在、東京大学大学院博士後期課程在籍（建築計画／ハウジング）

いもと・さおり
1983年生まれ。日本女子大学家政学部卒業。現在東京大学大学院博士後期課程在籍、日本学術振興会特別研究員（建築計画／住宅・教育施設）

生活の歴史を継承するために

「赤羽台＋（プラス）」という学生団体が発足したのが2010年の4月、そして、それから3か月後の7月末に「あつまリビング」と称する拠点をUR赤羽台団地商店街の空き店舗に設置しました。以降、UR、自治会、商店会など多くの方々のご協力を得て、アーカイブ施設の構築を着々と進めています。アーカイブ施設というとなじみがないかもしれませんが、簡単にいうと〈資料館〉のようなものです。昭和37年に入居開始になったUR赤羽台団地とその周辺の地域が時間をかけて積み上げてきた生活の記憶や歴史を、団地建て替え後にも継承するために、この活動を行っています。

プロジェクトの経緯

プロジェクトの発端は、2年ほど前に、建て替えの関係ですでにこの団地にかかわりをもっておられた服部岑生先生（千葉大学名誉教授）から、このような日本の歴史に残るような団地において、記憶の継承をきちんと行うようなプログラムを考えるべきだとの示唆が、私たちの指導教官である大月敏雄（東京大学准教授）にあったことです。すでに、篠原聡子先生（日本女子大学教授）の研究室で、数年間に及ぶ赤羽台団地の居住生活にかかわる研究が行われていたので、篠原研と一緒に何かできないだろうかという相談になり、東京大学と日本女子大学の大学院生が集まり、具体的にプロジェクトを行うことになりました。さらに、篠原先生から、すでに民俗学という立場でこの団地に着目し、研究を進めておられ、佐倉の国立歴史民族博物館で赤羽台団地のダイニングキッチンの再現にかかわられた岩本通弥先生（東京大学教授・文化人類学）を紹介していただき、プロジェクトが多分野にわたる専門家によって支えられることになりました。先生方と学生チームで議論を進めていくなかで、赤羽台団地商店街の空き店舗を拠点にして活動することが提案されました。そして、数か月後に予定されていた団地の引っ越しに合わせて、団地やその周辺地域の生活や住民活動の記録を収集することを出発点に、団地や地域に根ざしたアーカイブ施設をつくろうというプロジェクトのコンセプトを決定しました。

成熟化を担うアーカイブ施設

日本ではなじみがありませんが、海外の団地では団地内アーカイブ施設を持っているものが少なからずあります。調べたところによると、ヴァイセンホーフ・ジードルング（ドイツ）、レビットタウン（アメリカ）、エイヘンハールト集合住宅（オランダ）など、近代建築史で習うような現存する集合住宅団地にはアーカイブ施設がありますし、旧東ドイツにある団地にもアーカイブ施設が多くみられます。これらの施設は、団地のつくられた経緯やその後の歴史など団地の過去を後世に伝えるとともに、現在の住民にとっても、共用施設として使われるだけでなく、まちのアイデンティティを形成するために役立っています。団地内にあることで住戸の一部で当時の様子を再現したり、住民が継続的に運営にかかわったりすることを可能にしており、柔軟かつ多様な運営が行われています。

これを日本でもできないかというのが、今回のプロジェクトの1つの狙いです。日本にはこのようなアーカイブ施設はほとんどありません。UR赤羽台団地は、現在建て替えの真っただ中ですが、50年近く人が住んできた団地を忘れて新しい団地に住むのではなく、今までの歴史や人々の記憶を受け止めて、そしてさらに新しい未来を描いていくことが大事だと考えています。それはハードがかわってもソフトがより充実度を増していくような、まちの成熟化のプロセスの1つなのではないでしょうか。私たちの活動がそういうまちづくりの一助になれればと考えています。

1年目の赤羽台プラス――オープン～第二期引っ越し――

では、どのような活動をしてきたのか紹介します。

2010年7月末に団地内拠点をオープンし、それに合わせて、まず、オープニングイベントを開催しました（写真1）。近隣の子どもから団地住民の方、お孫さんを呼んで参加してくださった住民の方もいました。実は今年は新住棟への引っ越しの影響もあり、毎年恒例の団地祭りが開催されませんでした。私たちのオープニングイベントがそれの代わりになるとはいえませんが、住棟の中庭に風船を上げるなど華やかなイベントにすることができました。

続いて8月に行ったのが、DVD上映会です（写真2）。団地再生支援協会からドイツ・ベルリンの集合住宅の映画「未来ハウジングの今：ベルリン・インターバウ・ハウジングの記録」のDVDをお借りし、住民の方と一緒に鑑賞しました。当日は、このDVDを翻訳された澤田誠二先生（明治大学教授）にもお越しいただき、住民の方と意見交換をしました。海外の事例を見て、自分たちの住んでいる団地を見つめ直す機会にしてもらおうというのが狙いです。準備不足で意図を伝えきれなかった部分もありましたが、私たちが団地へかかわっていく意気込みをお伝えする機会になりました。

10月には赤羽台団地の設計者である津端修一さんにこの団地のつくられた経緯やライフスタイルのあるべき姿についてお話しいただき、住民の方にも多数参加いただきました（写真3）。長い間住んでいる方でも実際に建物がなぜこうなっているかということを設計者に直接聞く機会は今までなかったようで、住んでいる方とつくった方の質疑応答のやり取りは聞いている私たちにとっても、とても示唆に富んだものになりました。

アーカイブ施設づくりの現場から

アーカイブ施設は商店街の空き店舗を使いながら、少しずつ展示品が増えていく過程を見ていただきながらつくっています。11月に入り、ついに住民の新住棟への入居が開始し、この機会に団地で使ってきた家具や家電製品、団地の収納の奥で眠っていた貴重な資料をいくつもいただきました。

現在までに集まっているものとしては、古い家電製品、自治会が作成した冊子、古い空撮の絵ハガキなど、です（写真4）。団地の外の方から頂いた資料もありますし、時代も団地ができる以前のものから、入居当時のもの、比較的最近に団地の歴史を振り返ったものなど、幅広く集められています。

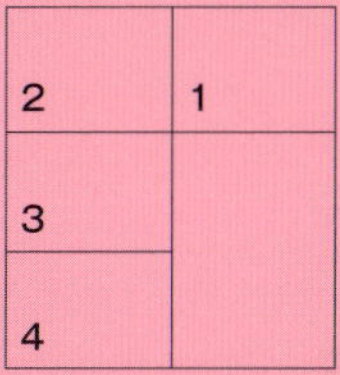

1. 活動拠点「あつまリビング」のオープニングイベントの様子
2. DVD上映会後、住民の方と意見交換を行った
3. 設計者津端氏と赤羽台団地を歩く
4. 集まった古い家具や電化製品

数こそまだ多くはありませんが、一つひとつにそれぞれ寄贈者の思い出が埋め込まれています。上京のときに使って押し入れで眠っていた柳行李、入居2年後にあった東京オリンピックの新聞記事の束、急増する保育所ニーズに合わせてつくった保育ママ制度のしおり、など、それぞれ興味や生活の痕跡が反映されています。申し出があるたびに思いもよらないおもしろいモノが出てきて、集めていてとても興味深い経験をしています。

個人の記憶・共通の記憶

このようなアーカイブ施設が最終的には住民や地域の方にとって、今と記憶とをつなぐきっかけとなればよいと考えています。それは、それぞれの方が経験した〈個人の記憶〉を呼び起こすきっかけでもあり、同じ団地や地域で過ごした人だけが共有する〈共通の記憶〉を一緒に思い起こすきっかけにもなります。赤羽台団地に拠点を設けて間もないですが、住民にとっての最大の〈共通の記憶〉はこの赤羽台団地に住むという時間を共有してきた記憶ではないかと思います。その記憶をアーカイブ施設を通じて残し、それが将来の赤羽台団地にとって役立つものになればいいと思っています。

今の引っ越しも新しい〈共通の記憶〉として、今の住民の方の記憶のなかに残ったのではないでしょうか。きっと若くして体験した団地への入居の引っ越しに比べると大変だと思います。ただ、このような記憶の蓄積が団地や地域に深みのある成熟した生活空間を生み出していくのかとも思うので、今後とも住民や地域の方に協力していただきながらアーカイブ施設づくりを進めていきたいと思います。

赤羽台プラス
http://d.hatena.ne.jp/akapla/
学生スタッフ‥青柳有依、蓮池由吏代、森崎麻季子（以上、日本女子大学）、飯田勇介、市川尭之、井本佐保里、北原玲子、後藤匠、佐藤宏樹、高橋忠輝、長谷川由葵、吉田雅史、義山宗燮（以上、東京大学、それぞれ五十音順）

※本プロジェクトの一部は、東京大学GCOEプログラム「都市空間の持続再生学の展開」平成22年度創発プロジェクトの活動の一環として行っている。

第3章

団地と地域の再生マネジメント

地域という枠組みでとらえると、団地は個の存在ではないことに気づく。地域との連携は不可欠である。住民自らが居住空間の快適性を向上させることは地域の魅力アップにつながる。高齢になっても安心して住みつづけるためには、生活支援のネットワークも必要だ。団地を含めたまちの景観、交流をもたらすパブリックスペース、あるいはエリアとしてとらえた効率のよいエネルギー供給システムなど、団地と地域の再生に向けたマネジメントに着目する。

住民の手で団地をグレードアップ

住環境を改善して資産価値を高める

住宅をより快適にする技術は常に開発されている。
ならばそれを適用してよりよい住み心地を追求しよう……
そう考えた多摩ニュータウンの住民は、
ＮＰＯとも連携して資産価値を高める改修工事に挑んだ。

特定非営利活動法人 多摩ニュータウン・まちづくり専門家会議 副理事長
秋元孝夫

あきもと・たかお
１９４９年愛媛県生まれ。東京電機大学工学部建築学科卒業。１９７７年秋元建築研究所設立、１９８２年法人化。現在に至る

電線類の地中化に動く

２００７年１月３日の読売新聞に「40歳のニュータウン（2）街づくりに住民動く」のタイトルで、筆者の居住するホームタウン南大沢の理事長が登場した。まちの美観のために、自分たちで電柱を地中化しようという取り組みである。当初は電力会社に門前払いを受け、行政の対応も冷ややかに映った。しかし、管理組合は執拗に交渉し、門戸を次第に開けていった。事業計画に対する裏づけとしての資金はあることを示し、電力会社や電話会社の具体的な見積もりまでたどり着いた。結果として、時期尚早だという判断になったが、自主的な改善計画は提案されたままで生きている。

役員の総入れ替えが決まっている会社に営業をかけても、来年の役員の反応が悪ければ、それまでの営業努力は水の泡。それが団地管理組合の実態だと世間は知っていて、だからこそ、電力会社も電話会社も本気になれないのだ。そこで、本気を表すために電気や通信の専門コンサルタントを雇い入れた。

１９８６年分譲の団地であるから、建設後20年もたつと、丘陵地にある敷地の特徴で、地形の動きが道路に亀裂を発生させ、舗装の劣化も顕在化する。それに工作物の沈下や、埋設管の劣化などで外構の傷みが顕著になっていた。そこで、外構の見直しをということになり、外部まわりの再デザインを検討しているなかで持ち上がった話である。『どうせ道路を掘り返すならば、将来に向けて予備管を入れておけば役に立つはずだ』というアイディアから始まった。

最初に電力会社に話を持ちかけたのだが、いざ地下埋設にするとなると電力供給側の基準があって、簡単ではないことが明らかになった。大げさすぎるくらい施設整備に資金が掛かることと、配線からすべてにわたって管理組合側の費用でなければできないという結論であった。もちろん、メンテナンスは電力会社側の費用で対応するのだが、最初のイニシャルコストのすべてを利用者側が負担しなければ現実化しないことが判明した。

そこが新築で整備するのとの違いで、既存の供給スタイルを変更することによるコスト負担が決定的なハードルとなった。自由競争のない工事費を負担するには管理組合員のコンセンサスは得られないので、結果として管理組合としては「時期尚早」という判断をし、調査費用を掛けたものの、設計図を温存することとした。ただし、「やらない」という判断ではなく、時期がくれば持ち出す計画案として、管理組合の〈企画バンク〉に保管した。

団地丸ごと外断熱改修

ホームタウン南大沢団地の〈企画バンク〉には、すでに温めてきた企画があった。2004年頃から勉強会を繰り返し、2005年には屋根の外断熱化を実施し、今度は外壁の外断熱改修を構想していた。入居後20年も経過すると理事会メンバーも2周期目に入り、「そろそろ大規模修繕に入らねばならない」と実施時期を検討しているところに、タイミングよく国から「平成20年度既存住宅・建築物省エネ改修緊急促進事業」が発表された。2008年12月26日に公示され、2009年1月29日申請締め切りという事業で、2008年度中に着手する事業に限るという条件で、設計費用を含め、工事費の半分を補助するというものであった。

管理組合ではさっそく、団地の環境改善を担う「住環境委員会」で議論し、理事会が承認して補助申請した。申請は採択され補助を受けられることになったが、補助額は工事費の4分の1に減額されていた。そこで組合員への緊急アンケートの結果、100%近い賛成を得られたので、補助金を受託することにし、団地総会でも決議された。

そもそも管理組合が国の補助事業に申請して、タイミングよく事業化を進めるということは至難の業である。今回はラッキーというしかないタイミングで事が進んだ。これが1年前では難しいし、1年後でも成立しなかったかもしれない。まさにタイミングである。

地球温暖化は今後も顕著に進むことがわかっており、CO_2削減が世界的な命題であることから、こうした事業は、住宅ローンのように随時申請が可能なものとして位置づけられることを望むものである。今回は不況対策や京都議定書の提案国としての責務を広く確保するという緊急補助事業という性格上、限定した予算措置で行われたものであるが、事業費の支援割合を定めた事業推進予算として計上していただくことで、管理組合の取り組みも現実的な進め方ができると思われる。今回はまさに団地管理組合側でも〈緊急事態〉であったわけで、管理組合の結束が育っていなければ補助申請すら難しいことだったであろう。

管理組合による資産価値の向上

こうした団地の動きに対して、国や自治体の対応は緩慢である。先の電線類の地下埋設についても、「よいこととはわかっていても支援措置がない」となる。「措置がない」というよりも「想定外」だということに尽きるかもしれないが、団地管理組合の資金は潤沢である。こうした資金を自らの団地に投資するという意識は高い。電線類の地下埋設化を推進するために用意した論理は、「地下埋設によって不動産価値が1㎡1万円上昇するとすれば、80㎡の住宅では80万円の出費をしても採算が合う」というものである。簡単にはいかないものの、投資効果はなんらかの形で表れるもので、それが理解できれば共通の価値観になる。

外断熱化についても、すでに実施した屋根の断熱改修で、最上階の住戸でのエアコン利用回数の激減が報告されている。この実績が説得力となる。外壁と開口部の断熱化の効果が経済的にいかほどの効果を生むかは未定である。国でも補助の効果を計測するのに、電気代やガス代などのエネルギーコストの比較で検証しようとしている。確実に結果は表れるわけで、投資効果も評価できる。

ホームタウン南大沢団地では自主管理が進んでいて、管理組合と住環境委員会が一体的な活動をしていることにより事業が進んだが、一般的にはこうした事業の推進をマンション管理会社が提案しても了解は難しい。むしろ組合員の負担が問題になり、良質な提案も白紙に戻されることになる。つまり、そこには自主的な取り組みを支援する体制が欠かせない。とりわけ利害が共通する支援体制が必要で、地域のまちづくりNPOなどの協力が有効ではないかと考えている。

ホームタウン南大沢の補助申請についても弊NPO法人

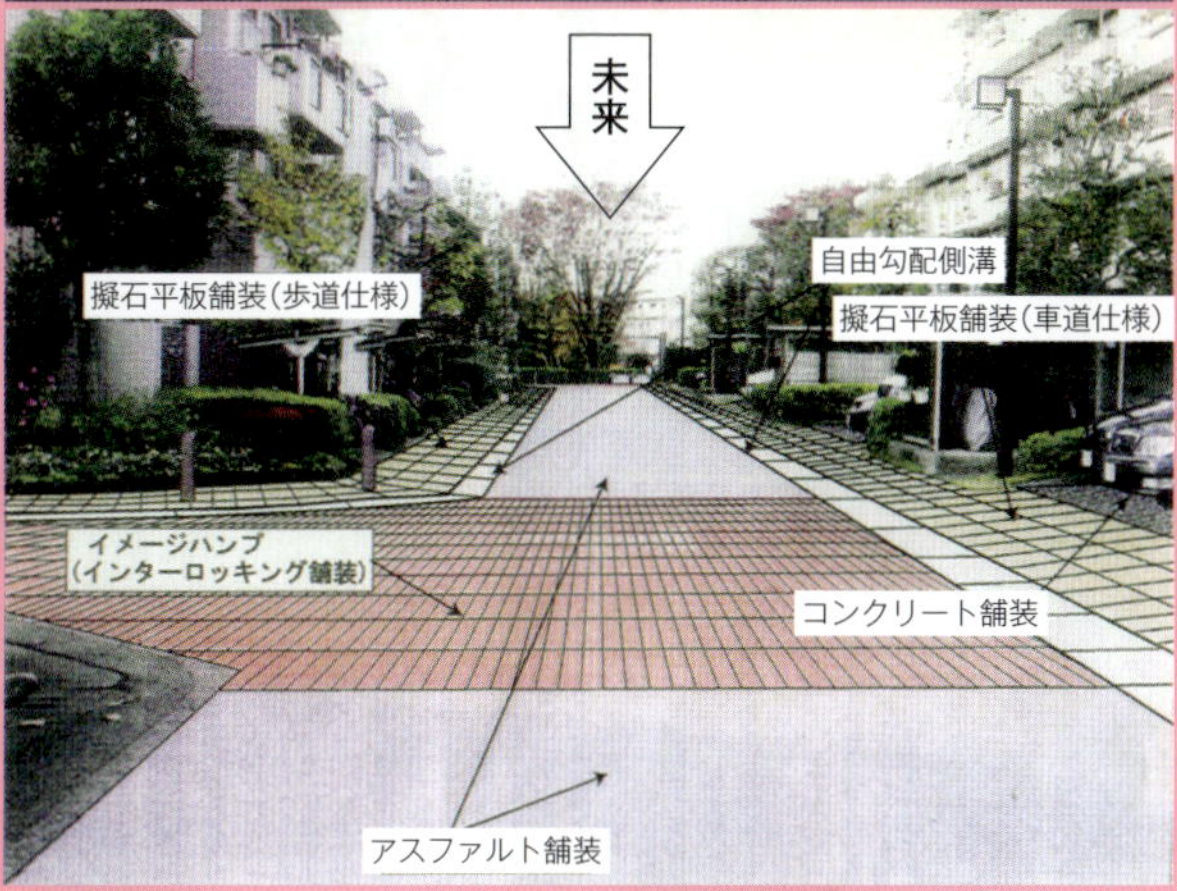

1. 電柱のある現状(団地内の風景)
2. 未来
3. 外断熱改修工事の説明会の様子
4. 建て替えをせず、長期に維持管理するホームタウン南大沢

が協力した。補助金情報を提供して、提案書式の記入方法など、手続きについての協力を進めた。実際、管理組合員はこうした手続きに慣れている方もいるが、毎年メンバーが代わる理事会では、その人のスキルも知らない間に1年が終わるのが常である。ホームタウン南大沢団地の場合は、担当チームとして住環境委員会が継続的なメンバーでチーム作業に従事できたからにほかならない。

建て替えを考えない長期活用を前提とした管理

ホームタウン南大沢団地では、建て替え事業は予測していない。地震保険も入っていないし、震災などの被害に対しても修復で行うことになると想定している。幸い、地盤もしっかりしていてコンクリート壁式構造で耐震性は高い。また、立地は都心で心配されている高潮や河川の氾濫などの水害や、震災を起因とする火災からの類焼の危険もない。外部からの被害の可能性は低いと考えると、自らの建物に投資して長期に活用しようという意志が働く。次なるメニューは高齢化対策であり、自ら住みつづけるための方策を考えることである。

建物があと100年もつとすれば、100年後の日本の人口や世帯数は〈住宅余剰〉である。よいものは残るし、悪いものは空き家が増える。空き家が増えれば管理費も修繕積立金も集まらない。結果として建物の維持管理は難しくなり、居住者の質も落ちる。それはスラム化の始まりであり、団地単位、マンション単位でこうした事態が始まるのである。そのとき、ホームタウン南大沢団地は健全であることが必要であり、できれば人気の団地になっていることが望ましい。

こうした時代はすでに到来している。だからこそ、管理を支援する側にも共通の価値観が必要になる。管理会社も同様である。管理組合に滞納が増えれば共倒れである。100年後には確実に不良マンションやゴースト団地は現れ、その対策に窮するのだ。筆者の活動する多摩ニュータウンが、長崎の端島、通称〝軍艦島〟のように世界遺産にでも登録しようかという機運になれば、活用の余地もあるかもしれないが、文化遺産ではしかたない。人が住み、生き生きしてこそ団地でありマンションである。地域で責任を取らずに誰が取るのかという意気込みで、日々活動していくつもりだ。

自由放任都市を超える団地再生

日本の公共住宅のポテンシャルを活かそう

日本の集合住宅団地は、もともと利便性に優れ、緑豊かなオープンスペースや恵まれた共用施設を持つ。その利点を押さえておかないと、ヨーロッパの国々がかつて過ちと認めた自由放任都市になりかねない。

宮城大学 事業構想学部 教授
永松 栄

ながまつ・さかえ
1982年東京藝術大学美術研究科修了後、2年半ドイツ・シュトゥットガルト大学等で実務研修。2007年より現職。NPO団地再生研究会事務局長兼務

産業革命後の劣悪な勤労者住宅

都市における勤労者住宅の問題が起こったのは、産業革命後のことだ。19世紀中頃には、欧米先進国で工業化が進み、工業都市周辺部から都市に労働力が集まるようになる。こうした工場労働者などをあてこんだ地主が、安普請で問題の多い賃貸住宅を建設して儲けるようになる。

19世紀半ば頃、ヨーロッパ都市がコレラの流行に見舞われたため、自治体や地方行政庁が都市部労働者の生活実態調査を行った。その結果、労働者用賃貸住宅の間取り、衛生施設、採光、通風などの条件がきわめて劣っていることが明らかになった（図1）。

健全な勤労者住宅地の実現方法の模索

産業革命の進展と前後して、先進国では市民革命を経て近代国家が生まれる。この近代国家は、土地や産業資本を持つ人々に、自由な経済活動を認める「放任主義」をとった。このため、労働者の生活を困窮させる家主のふるまいも合法と扱われた。

こうしたなか、イギリスのハワードは、事業組合のしくみを使って、一般勤労者が良好な住宅に住めるような事業スキ

ームを考案し、「田園都市」と名づけて１９０２年に発表した。まず、公募により出資金を集めて住宅地開発会社を設立し、自治体や大地主から住宅用地を借地して宅地開発を行う。次に各々の画地の建設組合に、土地を借地で貸し出し、住宅を建設してもらう。さらに、建設組合がつくった住戸を居住者に賃貸しするというしくみだ（図２）。

日本の区分所有マンションも組合員が共有するというしくみをまねた住宅だ。しかし、区分所有マンションの場合、区分所有者が区画の権利を持ち自由に売買できる。これに対し、欧米の組合住宅はあくまでも組合という人格が建物の権利を握っている。

福祉国家と公共住宅団地

ヨーロッパ先進国では、第一次大戦後、都市計画や住宅政策の分野で、自由放任主義の過ちを認めた。19世紀の終わりから住宅の基準づくりが進んだが、戦後ドイツでは、従来の「建築の自由」が「公共福祉に役立つ範囲での義務付き自由」に転換する。また、第一次大戦の戦勝国イギリスは、この時代から福祉国家を目指しはじめる。

こうして、戦後の都市復興に合わせて、公共住宅団地が本格的に建設されるようになる。

ドイツ人建築家グロピウスは、各住戸が平等に良好な環境条件を得られるような住棟配置を実践し、工場で生産した部材を組み合わせて住宅を建設する方法を試みた（図３、４）。また、スイス人建築家ル・コルビュジエは、勤労者のための都市機能として「居住、勤労、余暇、交通」をあげ、「緑、太陽、オープンスペース」をスローガンに掲げた。

このような住宅団地は、１９６０年前後から日本で建設が本格化する公共住宅団地に影響を与える。

残念なことに第二次大戦後の日本の法制度づくりは、土地所有者に対して建築に関する絶対的な自由を与えてしまった。このため、計画的に土地建物を誘導して都市空間を形成することが難しくなった。そのなかで気を吐いたのが、政策的に実施された公共住宅団地建設だった。

都市成長の限界と公共住宅団地の再編

１９７０年代オイルショック前に、先進国の住宅需要は満たされ、賃貸住宅が大量建設される時代がおおむね終わる。

そのころ、アメリカ、セントルイスのプルーイット・アイゴー団地では、住棟数棟がダイナマイトで管理者により破壊された。理由は、空き家発生と治安悪化の悪循環を断ち切るためだった。

1980年代イギリスではサッチャー政権が誕生し、従来の福祉国家路線を改め世界を驚かせた。日本においても、1980年代以降、大都市を中心に都市計画規制が緩和され、民間主体の住宅供給の時代に入っていく。

1990年に東西ドイツが統合した結果、東側の都市から労働力が西へ流出する現象が起きた。東側都市の公共住宅団地で空き家率が増加し、住宅経営と治安維持の危機に直面している。この問題への対応として、空き家率の高い住棟を取り壊しながら、オープンスペースを豊かなものにし、全体的に住環境を改善する再生事業が多く見られる。

日本の比較的古い集合住宅団地の問題

コミュニティの問題

高齢化が進む居住者コミュニティにとって大問題となっているのは、エレベーターがないことだ。また、団地によっては、構造上、大地震時に不安が残るものがある。

長期的に見たコミュニティの問題としては、交通に関する立地条件が劣っているところを中心に居住者確保が難しくなる。この傾向は経営圧迫、管理低下、居住者転居の悪循環を引き起こすだろう。

住宅性能の問題

住宅性能問題として顕在化しているものに、バリアフリー化の遅れ、住戸面積不足や間取りの陳腐化がある。今後、問題視されるものには、省エネ化の遅れ、浴室・トイレ・キッチンまわりの陳腐化、外観・内観の陳腐化がある。

団地経営目的の問題

現在、進められている自治体公社や都市再生機構の団地再生は、簡単にいうと、既存の建物を取り壊して、敷地の半分を民間マンション開発業者に売却し、残りの半分の敷地に従前の二倍の密度で新しい賃貸集合住宅を建設するというものだ。

長期借入がいらない団地再生スキームであるが、そもそも、一団の集合住宅地として管理されることを前提にした土地を複数に割ることを許してよいのだろうか。これは公共福祉的な目的を持った住宅地の半分が、自由放任を前提とした住宅地に変わることを意味する。

区分所有マンションでも、団地再生が必要になったときのことを考えるべきだ。区分所有権の売り買いについて、組合は深く関与できない。このため、次第に、住宅所有について違った目的を持つ人の集まりになって、合意形成ができない状況になる恐れがある。長期的視点では、経営方針の決定の物差しとなる管理規約をチェックし、必要な機能を付加することも必要かもしれない。所有目的が共有できていなければ、区分所有を前提にしている以上、経営不能になるリスクが存在するはずだ。

集合住宅団地の利点

■都市計画的な利点

第一に日本の市街地のなかでは珍しく、きちんとした社会福祉的目的を持ち計画された空間であることが利点だ。これは、鉄道利便性を考慮した立地条件、緑化されたオープンスペース、恵まれた共用施設などに端的に現れている。

■コミュニティの利点

居住者コミュニティの利点としては、一戸建て住宅地に比べて人口密度が高いことがある。このことは、人口減少社会で都市管理を考えるとき、重要なことだ。また、自治会や管理組合といったコミュニティ母体の結束が固く、うまく共用施設を管理していることも利点だ。

■経営面での利点

経営面でも、建設段階から長い時間が経過しているので、所有に関する経済負担が軽くなっているという利点がある。

団地再生の展望

■地域に対する意義認識

人口減少社会においては、既存コミュニティを重視することが重要になる。したがって、住宅需要を過剰に見込み、既存コミュニティを阻害するような再生計画は慎むべきである。また、集合住宅団地には、その周辺の住民も利用できるオープンスペースやコミュニティ施設があり、こうしたものは、一種の公共財として管理しつづける必要があるだろう(図5)。このあたりの考え方は、自由放任経済時代の労働者住宅問題を経験したヨーロッパと日本では温度差がある。

■総体としてのコミュニティと団地

もともと共有地という概念は、皆にとって大事なものはバラバラにせず、一体として皆で管理しようという発想に基づいている。団地の土地を「分割して市場化することの経済的合理性」と「一体的にまとまった土地の価値を保全すること」

1. 図1 19世紀後半ロンドン貧民街の版画
2. 図2 ハワードたちが建設した現在のハムステッド田園郊外団地
3. 図3 グロピウス設計のテルテン団地平面図
4. 図4 テルテン団地の施工説明図

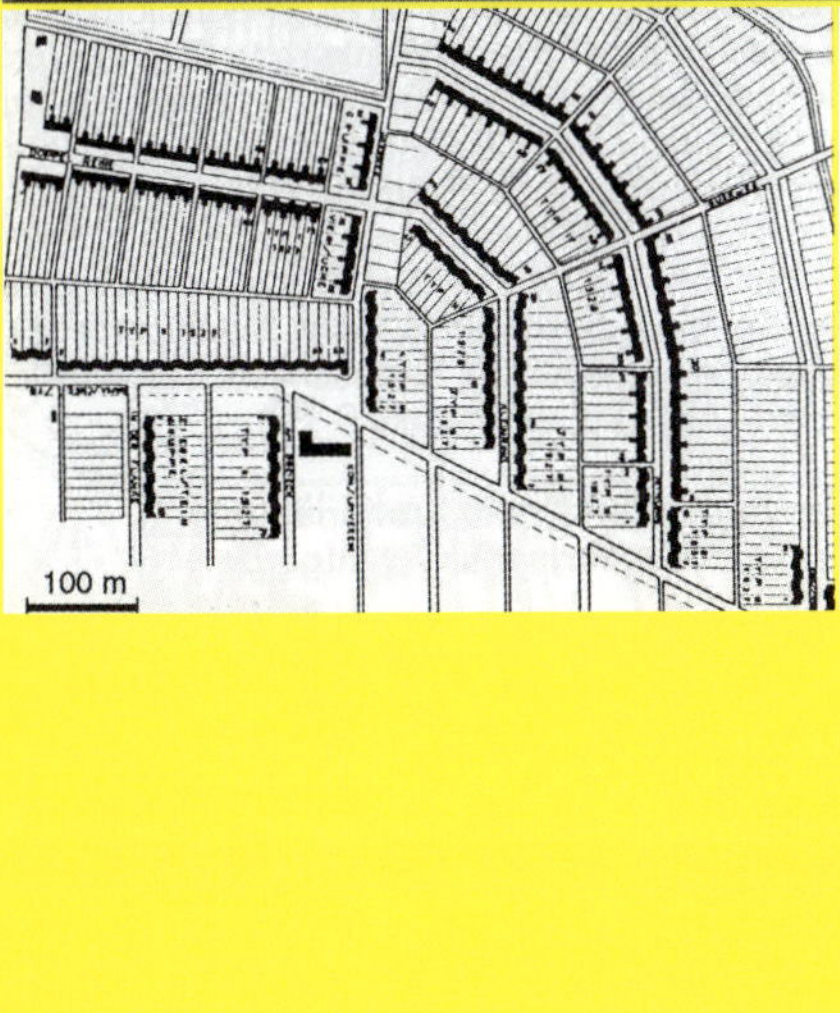

図5 豊かな緑に囲まれた現在のベルリン・インターバウ団地。オープンスペースやコミュニティ施設を「公共財」として管理している

は、常に秤にかける必要がある。特に経済成長が鈍化する状況下では、団地を共有地に見立てて守るという考え方が重要視されるだろう。

住宅再生の展望

住宅再生の入り口としては、バリアフリー、安全・安心、時代に適応した住戸面積確保が必要になる。加えて、地球温暖化ガス排出削減のための省エネルギー化、未利用エネルギー活用、緑地の維持保全などの目標を加える必要がある。

住宅ストック活用が、あたりまえの時代がくるとすれば、住むための家は借りる。そして不動産の権利を持つことは、資産運用の1つと考える。このような割り切りが一般化する可能性もある。

こうした場合、不動産資産を管理する側は、今後、強まるであろう省エネルギー水準への対応策として、設備系統を適当な年限でリース調達し、性能アップに合わせて交換することもあり得る。また、ヨーロッパなどで見られる、賃貸居住者の個人嗜好にもうまく対応できる住宅システムも射程に入ってくるだろう。

都市計画・まちづくりの観点から

パブリック・スペースが再生のカギ

団地を再生するには、住宅や住環境の整備に加え、まちとしての機能を時代に見合ったものにする必要がある。誰もが移動しやすいようにコンパクトで交通手段が整ったまちに……。地域を「生活の場」として再生するための手法を考える。

工学院大学 建築学部 教授／都市デザイナー 倉田直道

くらた・なおみち
1947年長野県生まれ。早稲田大学建築学科、同大学院修了、カリフォルニア大学大学院修了。アーバン・ハウス都市建築研究所主宰。専門分野は都市デザイン

団地再生を考える視点

団地の再生とは、老朽化した住宅の再生であるが、生活の再生であり、まちの再生でもある。これまでの団地再生の議論は、老朽化した住宅建物の耐震化を含むリノベーション、ライフスタイルのニーズに対応した住戸プランの変更など住宅の再生に焦点を当てたものが多かった。

戦後建設されたわが国における多くの郊外型住宅団地は、近代都市計画の理念を体現したゾーニング（機能分化に基づく土地利用と施設配置）や車社会を前提とした都市構造により成り立っている。その意味でわが国の住宅団地は、近代都市計画の所産であり、その理念を体現した象徴的な存在であるといえる。一方、20世紀後半になり、行きすぎた経済合理性や効率の追求による人間性の喪失、自然環境への負荷、インフラ投資や維持管理コストの増大、過度な車社会の進行による移動手段の制約などが、20世紀の都市づくりがもたらした世界共通の課題として強く認識されるようになってきている。そこで、団地再生を考える際に、住宅や住環境の再生に加え、都市計画やまちづくりの観点から団地再生を考える必要があることを強く感じている。

新しい都市づくりのパラダイムの模索

20世紀の都市づくりがもたらしたさまざまな課題に対応するため、ヨーロッパやアメリカでは「コンパクトシティ」「ニューアーバニズム」「アーバンビレッジ」など、新しい都市づくりのパラダイムが提唱され、20世紀の都市づくりの反省に立った都市づくりが展開されている。これらの新しい都市づくりの理念は、生活の質の向上と持続可能な地域コミュニティの実現であり、過度な自動車依存を反省し、たんなる移動手段としてだけではない歩行を再評価するとともに、都市における人間性の回復、コミュニティの復権、地域文化の醸成、環境の回復に向けたライフスタイルの変革を目指している。これらの新しい都市づくりの理念に共通する特徴は、①地区内におけるバランスのとれた就住の融合、②多様なニーズに応えた住宅タイプの供給、③多様な交流機会と豊かなパブリック・ライフの創出、④歩行圏内での適度な用途の複合、⑤車より歩行者を優先するヒューマンスケールのまち、⑥環境に優しい公共交通システム、⑦自然環境の保護と生態系の保全、などである。これらのコンセプトは、新規の都市開発に適用されるだけでなく、既存のまちの再生にも適用されており、これからの団地再生をまちづくりとして捉えたとき、これらの視点は不可欠であろう。

コミュニティインフラの拡充

わが国の戦後のまちづくりを振り返ってみると、国民全体がある水準の生活レベルを実現するために、道路などを中心に必要な環境整備を進めてきたといえる。これはまちづくりに限ったことではなく、「人並み志向」が、個人、家庭、社会、企業、都市の活動目標のようなものであった。国は国土全体で地域的に格差のない、地方自治体も地区ごとのバランスをとって常に平準な公共施設整備や公共サービスを提供することを心掛けてきたのである。その象徴的な存在が公共の住宅団地である。拡大志向の経済が崩壊し時代が大きく変化するなか、人々のこだわりも人間一人ひとりの生活に対する価値観とライフスタイルを反映した生活の質に向かっている。

人並み志向の象徴でもある住宅団地は、時代とともに多様化する家族構成やライフスタイル、そして生活ニーズに対応できるまちとして再生されなければならない。それは、住戸の広さの増大やプランの変更に留まらず、新しい時代の生活を支える生活支援の基盤機能であるコミュニティインフラを伴ったまちとしての再生である。こうしたコミュニティインフラが必要とされる大きな背景の1つは、高齢化と家族構成の変化である。もう1つの背景は、子育て・介護の社会化と家事の外部化である。こうした社会の変化に対する対応は、

1. スウェーデン・ヨーテボリ市リバーシティのハウジング内のコミュニティスペースとしての中庭
2. スウェーデン・ヨーテボリ市のカミロ・ジッテにより計画された住宅地におけるカフェ
3. 同住宅地にアクセスする路面電車
4. 同住宅地におけるパブリック・スペース

新しい生活ニーズの市場を視野に入れた近年の集合住宅開発にも見て取れる。住宅をトータルな生活の場とするために、近年の在宅ワーク志向の高まりと相まって、店舗やオフィスを混在させた複合用途が積極的に推進されている。介護サービス施設を併設するなどの、高齢者向け住宅などのサービス機能を付加している場合もある。近年では、生活支援サービスなしの暮らしは考えにくく、高齢者のデイケアサービスやクリニック、子育て支援のための保育所、オフィスや店舗などを混在させ、地域を生活の場として再生している。

環境に配慮したコンパクトな空間構造への再編

大規模な住宅団地の再生において、車での移動を前提とする拡散した都市構造を見直し、歩行を移動の選択肢の1つとして捉え直したコンパクトな空間構造への再編を目指す必要がある。複合的な土地利用の推進により生活に必要な諸機能を歩行圏内に再配置させるとともに、歩行圏内にない生活サービスへのアクセスは公共交通で補完し、歩いて暮らせる生活環境を創造する必要がある。すなわち、土地利用を見直し、適度に用途が混在する歩行圏サイズのコンパクトな地区の集合として、団地全体を再編するのである。交通静穏化の手法を活用し、団地内を歩行者に優しい生活環境として改善するとともに、歩行ネットワークと緑のネットワークを重ね合わせ、歩行環境改善と都市の生態系の再生を戦略的に進めることも肝要である。

選択の多様な移動手段を備えた住宅団地

住宅団地は主に1960年代に建設されたため、エレベーターの未設置やバリアフリー化の遅れに対する課題が、高齢化時代の到来により顕著になっている。また、多くの団地は周辺地域や都市との関係を断ってつくられたため閉鎖的となっており、団地内住民だけでなく、地域住民も利用できるように歩行路の整備や、公共交通システムとの連携が求められている。モータリゼーションの進行は、車を所有する人々の移動の自由と機会の拡大という豊かさをもたらしたが、一方で、運転免許証を持たない、車を持たない（持てない）、車中心の社会において移動を制約される、交通弱者と呼ばれる子ども、高齢者、障害者、低所得者などの都市機能へのアクセシビリティを低下させている。

子ども・高齢者・障害者を含むすべての人が、行きたいところへ自由に移動できる、移動の選択性を備えた団地におけるモビリティ（選択的移動手段）の改善が必要であり、自転車や公共交通など「歩く」を補完する移動の選択肢を増やしていくことが重要となる。

　これらの公共交通手段は、これまでの大量輸送型の公共交通というより、高齢者の送迎サービスなどの小さな需要に対応した多様な小規模の公共交通サービスの組み合わせで、ニーズに合わせた選択性の高いものである必要がある。団地という特性を活かした、カーシェアリング、レンタサイクルなども、その選択肢となるだろう。

多様な交流機会と豊かなパブリック・ライフ

　住宅団地の再生とは、団地をパブリック・ライフの場として再興することである。パブリック・ライフとは、家庭や職場でのプライベート・ライフに対して、さまざまな人々との交流活動を指し、場や人の行為を介しての、人と人の豊かな関係性、コミュニケーションのことである。成熟社会における生活の質を支える要素として、豊かなパブリック・ライフは不可欠なものである。団地内に設けられたパブリック・スペースは、パブリック・ライフの孵化装置である。パブリック・スペースは、自然に触れ、人々に精神的なリフレッシュをもたらし豊かなときを過ごす場、静かなレクリエーション活動の場、交流の場を提供する。そこで展開されるパブリック・ライフこそが、生活の質を体現したものとなる。団地再生を通して豊かなパブリック・スペースを創出することは、新たなコミュニティの枠組みをつくることでもあり、コミュニティを再生することでもある。

「社宅団地」が秘める可能性

地域で活かして多彩なまちに

企業の経営合理化を受けて、社宅団地は減少している。閉鎖・売却された社宅団地が戸建て住宅街になるケースもある。しかし、まとまった面積を有する社宅団地だからこそ、地域再生のために上手に活かす方法があるのではないか。

地の知計画館　菅原康晃

すがわら・やすあき　1968年北海道生まれ。北海道大学工学部建築工学科卒。同大学院環境科学研究科修士課程修了（環境計画学専攻）。技術士／建設部門（都市及び地方計画）。現在は、福島県内にて復興計画づくりに従事

鎌倉の社宅団地

私が小学生時代を過ごした「梶原山住宅地」は神奈川県鎌倉市の地理的なほぼ中央部にあり、１９６８年頃に民間の大手不動産デベロッパーにより開発、分譲された住宅団地です。第二次鎌倉市住宅マスタープラン（２００６年６月）によると、「梶原山住宅地」は総面積60万１２２６㎡、区画数１７３０とあり、多摩ニュータウンなど公的なニュータウン開発ほどではないものの、市内では最大規模となった計画的な住宅開発でした。

この「梶原山住宅地」は、鎌倉市の深沢丘陵地域に位置しており、丘陵の間の谷戸の部分に路線バスが走る地区幹線道路と中層住宅が並び、背後の丘の部分には戸建て住宅地が整備されるという形態で、なかでも特徴的だったのは、バス通り沿いの中層住宅のほとんどが社宅、それも単一企業ではなくいろいろな企業の社宅が建ち並んでいたことです。一般的な企業城下町や炭鉱などでは単一企業による、いわゆる「社宅街」という形態が古くから見られていましたが、いろいろな企業の社宅が集まった団地は、あまり多くはないのではないでしょうか。

当時の思い出

この「梶原山住宅地」で私が暮らしたのは、正確には幼稚園の年長組の夏から小学校6年生の夏までで、これは１９７４年から１９８０年までの6年間です。

私の両親は北海道出身（私も）ですが、当時は父が東京勤務のため、鎌倉の前は埼玉県内での社宅暮らしでしたが、第三子（長男の私から見ると下の妹）の誕生により手狭となったため、より広い鎌倉の社宅へと移ることになったのでしょう。埼玉の社宅も4階建て鉄筋コンクリート造りの建物でしたが、周りは普通の住宅や畑でしたので、鎌倉の社宅に来てみて、幼心にも、すごい団地だな、と感じました。

こうして私たちが住むことになった社宅は、鉄筋コンクリート造り4階建てで、全24戸が３ＬＤＫのプランで並んだファミリー向けの住棟でした。鎌倉の社宅内には同年代の子どもが多く、家の内外で飛んだり跳ねたりいろいろと遊んだ思い出があります。妹たちも近所の友達と、当時大人気だったピンク・レディーの振り付けを連日練習していたのが思い出されます。また、引っ越した当初は社宅の向かいはまだ開発中で「はげ山」と呼ばれており、ちょっとした冒険や秘密基地づくりなどもやっていましたが、ほどなく造成工事やくい打ち工事が始まり、5階建ての市営住宅が建ちました。

このような時代でしたから、引っ越し後、約半年で私が入学した市立深沢小学校も児童が増えすぎて大変な状況でした。1年生は9クラスあり、私たちの教室は仮設のプレハブ校舎でした。そして3年生になるときには、新たな小学校ができ、私たちの地区は深沢小学校のままでしたがクラスメートは2つの学校に分かれました（深沢小学校では私が入学する数年前にも児童増による新設分校があったそうです）。

このように「梶原山住宅地」での6年間は私にとって楽しく過ごした思い出深い経験であり、第二の故郷というべき場所になりましたが、父が札幌での勤務となり北海道へと戻ることになりました。その後、私は就職を機に東京勤務となったものの、都内に住むことにしたため、鎌倉へは一、二度訪れただけで、それも10年近く前に行ったきりでした。

現在の梶原山住宅地

近年の日本では、１９７０年前後に開発された大規模ニュータウンにおける住戸のリフォームや建て替えなどの団地再生が大きな社会的課題となり、他方、多くの企業においては、福利厚生の見直しの一環として社宅を閉鎖する例が増えています。実際、グラフ1に示すように、全国ベースでは１９７８年以降、持ち家（戸建て持ち家や分譲マンション）や民営借家は大幅に戸数が増えているのに、給与住宅（国の統計では社宅のことをこう呼びます）は1993年をピークに減少してきています。

そのようななかで私の第二の故郷である社宅団地＝「梶原山住宅地」ではどんな変化が起きているのでしょうか。

そんな思い（というか一種の心配）を抱いて、私は久しぶりに現地へ向かいました。

結論からいうと、ベストではないものの、ある程度の策が講じられ、新たな地域づくりへの動きが感じられる状況であり、元住民としてはひと安心できました。現地で見られた変化のいくつかを紹介しましょう。

新たな施設の立地

路線バスで現地に降り立ってまず気づいたのは、住居のまわりで遊ぶ子どもの姿が結構見られたこと。私の住んでいた社宅と向かいの市営住宅はまだ（外観的には）ほぼ変わりなく使われていたのですが、反対側にあった社宅は取り壊され、市の保育園と「子育て支援センター」と「障害児活動支援センター」の合築施設が建っていました。このほかにも隣の街区には「子ども会館」があり、これらは私が住んでいた頃にはなかったものです。若年ファミリー層の地区への受け入れを促すための市の施策なのでしょう。

さらに、保育園の山側にはもともとあった社員寮の建物をリフォーム（増改築）して介護付き有料老人ホームができていました。定員は33名で、２００２年の開設だそうです。

そして何より意外だったのは、戸建て住宅がバス通り近くの中層住宅跡地にもかなり立地していることです。団地再生という観点からは、建物のスクラップ・アンド・ビルドや敷地の細分化を伴う更新になってしまうので必ずしも望ましい形とはいえませんが、新たに丘陵を切り開いた開発を行うことが難しい鎌倉という土地にあっては、居住者の多様化につながる面もあるので、団地更新の選択肢のなかの1つとして戸建て住宅が出てくるのはしかたがない面もあります。もちろん、戸建て住宅だけではなく、中層住棟が一般的なマンションへと建て替えられた例もところどころに見られます。

もう一点、このような建物だけではなく、交通アクセスの面でも新たな展開が見られました。それはコミュニティ交通（ミニバス）の運行です。この地区にはもともと、近隣の３駅（大船駅、鎌倉駅、藤沢駅）へと至る3種類の路線が2つのバス会社により運行されていますが、バス通りは谷筋にあり丘の上の戸建て住宅地区からはやや距離がありました。また、観光地ということもあり、途中の道路が渋滞することも

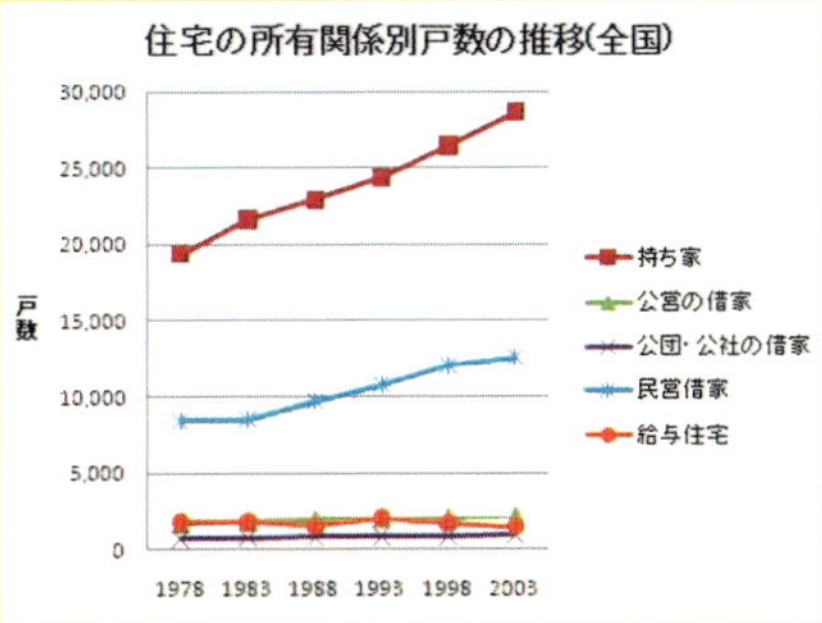

2	1
4	3

1. 「梶原山住宅地」周辺の案内図
2. 私が子どもの頃に住んでいた社宅
3. 隣の社宅は立ち入り禁止になっていた
4. グラフ1　住宅の所有関係別戸数の推移(全国)

現代風の民間マンションや戸建て住宅への建て替えも

社員寮をリフォームしてできた介護付き有料老人ホーム

珍しくありません。このような課題の解決に向け、小回りが利くミニバスの運行が始められたのでしょう。

社宅団地の今後に向けて

社宅団地は所有者が多様なので、リフォームや建て替えを進めるにも総合的な調整やコントロールは難しい面があります。実際にも、更新計画が決まらないのか、以前の住棟が残されたままになっていたり、更地のままの敷地もいくつか見られました。しかし逆にその多様性ゆえに部分的な建て替えが起こりやすいという見方もできます。

市としても、第二次住宅マスタープランの策定に際し、「本市では給与住宅は重要な要素であるが、企業・行政の役割分担や公共性の配慮など、多様な視点から検討が必要」と記述された一方、「市への提供可能性などについて社宅を有する企業へのアンケートを実施したが、協力企業なし」という実態もあるようです。

このように社宅団地は機能更新の実績とさらなる期待、ポテンシャルを有するわけですが、それを活かすためには総合的なビジョンをもったコーディネーターの存在が重要になるのではないでしょうか。

団地にもエリアマネジメントを

省エネと防災、見守りを踏まえたまちづくり

安い化石燃料の時代が終わった今、ヒートポンプの活用など化石燃料に頼らないシステムが団地を再生する際には有効な選択肢だろう。電気自動車やＩＴを使った独居老人の見守りシステムなど環境にやさしく利便性の高い技術は今も開発中だ。

一般社団法人 エリアマネジメント推進協会 理事
早坂房次

はやさか・ふさじ
早稲田大学政経学部卒。東京電力。経営管理学修士（ＭＢＡ）。再開発コーディネーター協会個人正会員。ＮＰＯ法人 石油ピークを啓蒙し脱浪費社会をめざすもったいない学会理事

「寅さん」「こち亀」「東京スカイツリー®」

金町は東京都葛飾区にあります。金町駅の隣の柴又駅は『男はつらいよ』の「フーテンの寅さん」、やはり隣駅の亀有駅は『こちら葛飾区亀有公園前派出所』の「両津勘吉」と、葛飾区は人情味あふれるキャラクターで有名です。金町駅のそばの三菱製紙工場跡地には、２０１３年４月開校を目指して東京理科大学葛飾新キャンパスの整備も進められています。

城東地区で今もっとも注目されているのは「東京スカイツリー®」（墨田区）でしょう。下町情緒あふれる城東地区もこのように刻々とその姿を変えています。この東京スカイツリーは、高さが注目されることが多いのですが、この開発エリアには地域冷暖房（ＤＨＣ）が導入され、国内の地域冷暖房のなかで最高レベルの総合エネルギー効率（販売熱量を一次エネルギー消費で割った値）「１・３以上」となることが予定されています。これは地域冷暖房で初めての地中熱の利用や、蓄熱槽を活用することで大変効率の高い熱源機システムの能力を上手に引き出すことができたからです。この結果、年間一次エネルギー消費量は個別方式に比べ約43％減、年間CO_2排出量は48％減と大幅に削減された計画となっています。ま

た、蓄熱槽には約7000トンの水が蓄えられており、地震など大規模災害時には消防用水・生活用水として活用される予定です。

安い化石燃料の時代は終わった

東京スカイツリーエリアの省エネ・省CO_2・防災の話が長くなりました。あえてご説明させていただいたのは、団地再生を考えるうえで持続的社会構築には「環境・省エネ・防災を考えたまちづくり」の視点が必要不可欠と考えているからです。図1は、曲線が石油に換算した人類のエネルギー消費量総量を、棒グラフが一人当たり消費量を示しています。図2の人口の推移のグラフと見比べてください。人類が異常繁殖したとさえ見える現代社会が、エネルギー革命以降の化石燃料の大量消費に支えられていることがおわかりいただけるかと思います。

その化石燃料ですが、石油を例にとると、すでに油田の発見量を石油生産量が上回っています。可採年数（確認埋蔵量を生産量で割った値）が40年前後で変わらないのは、回収技術の向上と原油価格の上昇に伴って採掘にかけられるお金が増えたことによります。天然ガスも生成過程から見れば石油と兄弟のようなものです。資源には①濃縮している、②大量にある、③経済的な位置にあるという条件があります（石井吉徳著『知らなきゃヤバイ!・石油ピークで食糧危機が訪れる』）。資源とは質がすべてなのです。たとえばメタンハイドレートが日本近海に大量にあるという議論があります。メタンハイドレートはたしかに大量にあるのですが、濃縮して存在していません。資源として見ていいか、まだ見極めているのが現状です。安い化石燃料の時代は終わったといえます。化石燃料を大量に使える時代はほんの『一瞬』かもしれません。

団地再生でなぜこのようなことを申し上げたかといいますと、安い化石燃料の時代の終了は、高齢者をはじめとした社会的弱者に大変厳しい世の中になりかねないからです。私たちの生活を改めて考えると、炊事・洗濯・掃除など召使いや奴隷に代わって機械にさせていることがわかります。安い化石燃料の時代が終わったということは、ほかの安価なエネルギー源を確保しなければ生活レベルを下げざるを得ないということです。

日本の2008年度の輸入額は71・9兆円でした。そのうち、石油・天然ガス・石炭といった鉱物性燃料は24・5兆円と34％を占めています。これに対し食料品は6・0兆円と8％に過ぎません。今後、少子高齢化や新興国の経済発展に伴い日本の国際的競争力の低下が危惧されます。とりわけ、資源の奪い合いといった事態も懸念されます。食糧問題を考えても、農機具を動かすにも化石燃料が必要ですし、化学肥料も化石燃料からつくられます。エネルギー問題は食糧問題でもあるのです。団地再生を考えるうえで、これからの住まいは「化石燃料を使わない住まい」を指向すべきです。

　そのために具体的に①ヒートポンプの活用と②電気自動車の活用を提案しています。

環境・省エネ・防災を考えた団地再生

　家庭の省エネというとエアコンを使うことをやめることを頭に思い浮かべる方も多いかと思います。家庭におけるエネルギー消費を見ると、冷房は暖房や給湯に比べあまり多くありません。これはヒートポンプというものを使っているからです。

　ヒートポンプとはエアコン（冷房）や冷蔵庫を冷やすのに使われているしくみです。エアコン（冷房）や冷蔵庫は、屋内や庫内の熱を室外や庫外にコンプレッサーという機械で移動させることで冷やします。熱をポンプでくみ上げるようなしくみなので「ヒートポンプ」といいます。この移動させる熱の量に比べ、コンプレッサーを動かすエネルギーの量は何分の一かで済みます。使ったエネルギーの何倍もの熱を生み出すことができるのです。エアコン（冷房）や冷蔵庫の熱の動かす方向を逆にするだけで暖房に使えたり、お風呂などのお湯をつくることができたりするのです。家庭における省エネにはこの暖房や給湯分野に大きな余地があることを専門家でも見落としていることが多く見受けられます。

　電気式の給湯機は、夜間の安い電気料金を上手に使うために夜お湯をつくってタンクに貯めておくしくみが一般的で

東京スカイツリー®エリア・イメージ図
画像提供：東武鉄道㈱・東武タワースカイツリー㈱

図1：人類とエネルギーのかかわり

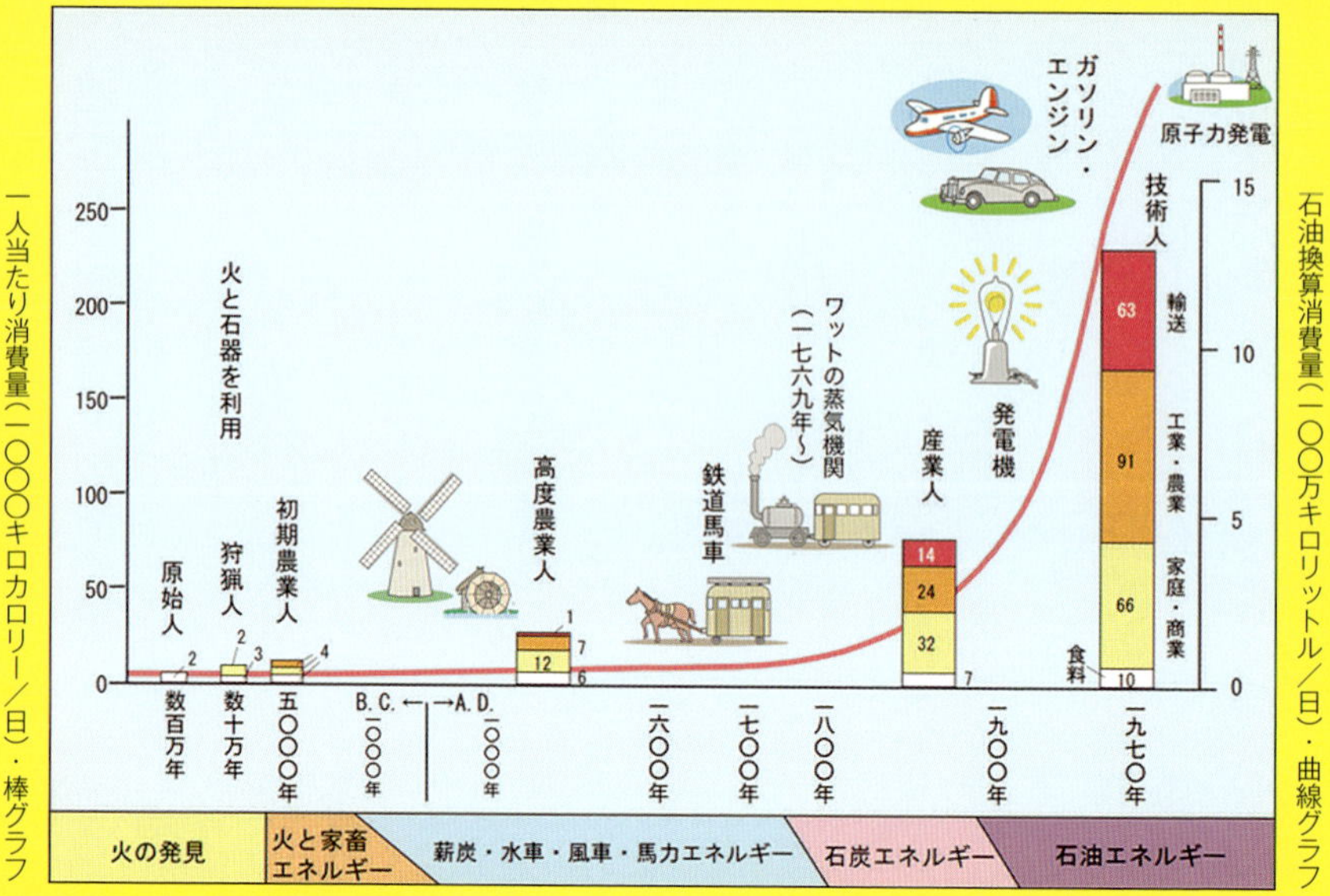

原始人　100万年前の東アフリカ、食料のみ。
狩猟人　10万年前のヨーロッパ、暖房と料理に薪を燃やした。
初期農業人　B.C.5000年の肥沃三角州地帯、穀物を栽培し家畜のエネルギーを使った。
高度農業人　1400年の北西ヨーロッパ、暖房用石炭・水力・風力を使い、家畜を輸送に利用した。
産業人　1875年のイギリス、蒸気機関を使用していた。
技術人　1970年のアメリカ、電力を使用、食料は家畜用を含む。

出典：総合研究開発機構「エネルギーを考える」／「原子力・エネルギー」図面集2010

図2：世界人口の推移（推計値）

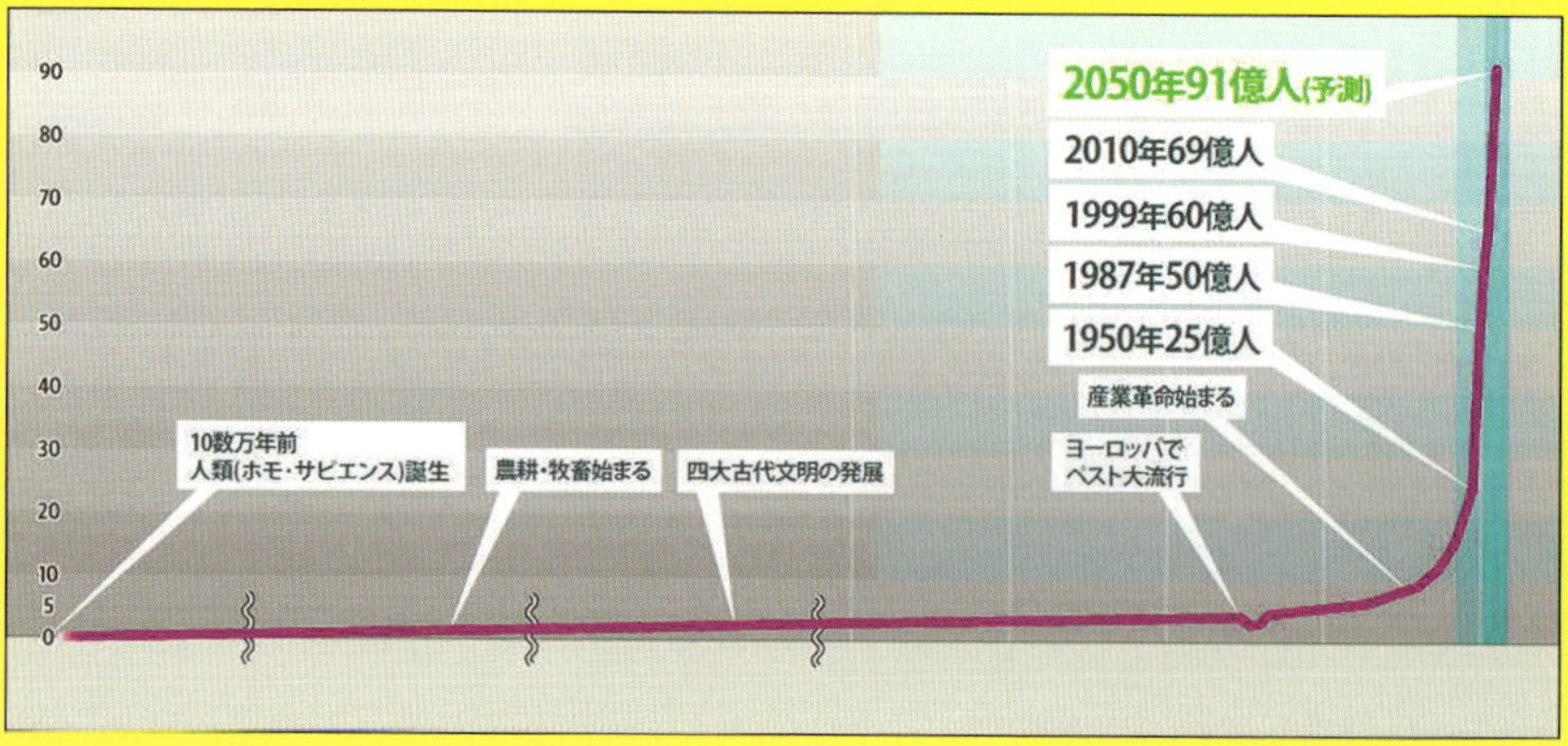

出典：国連人口基金（UNFPA）東京事務所HP　http://www.unfpa.or.jp/p_graph/pgraph.html

脱化石燃料社会（低炭素社会）構築へ向けた2つの柱

1995年の阪神・淡路大震災におけるライフラインの復旧

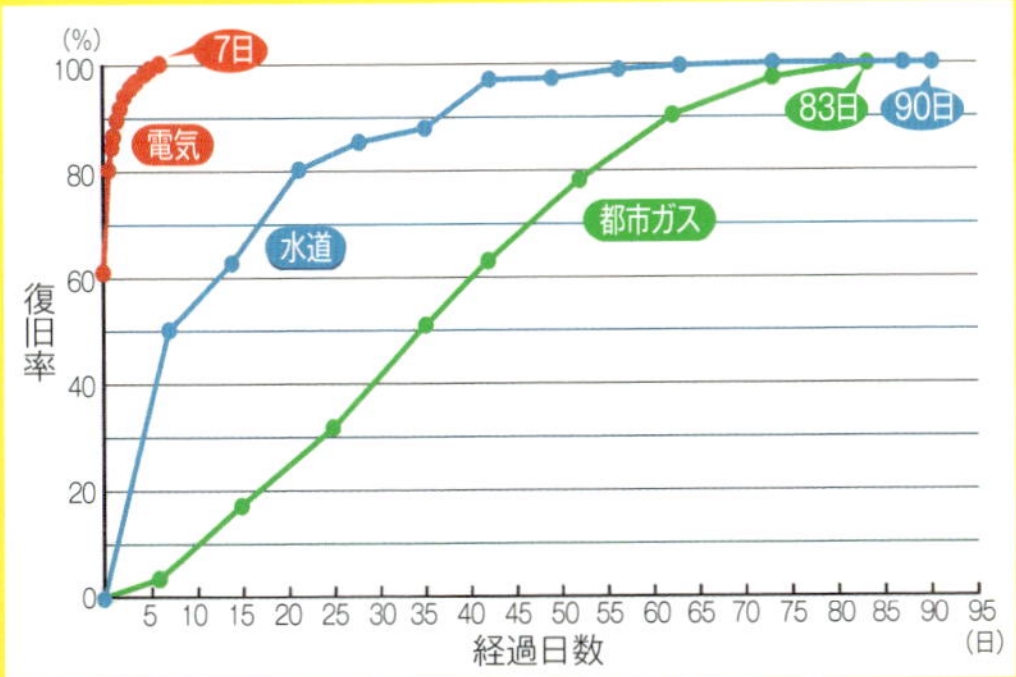

出典：阪神・淡路大震災調査研究委員会報告書「大震災に学ぶ」

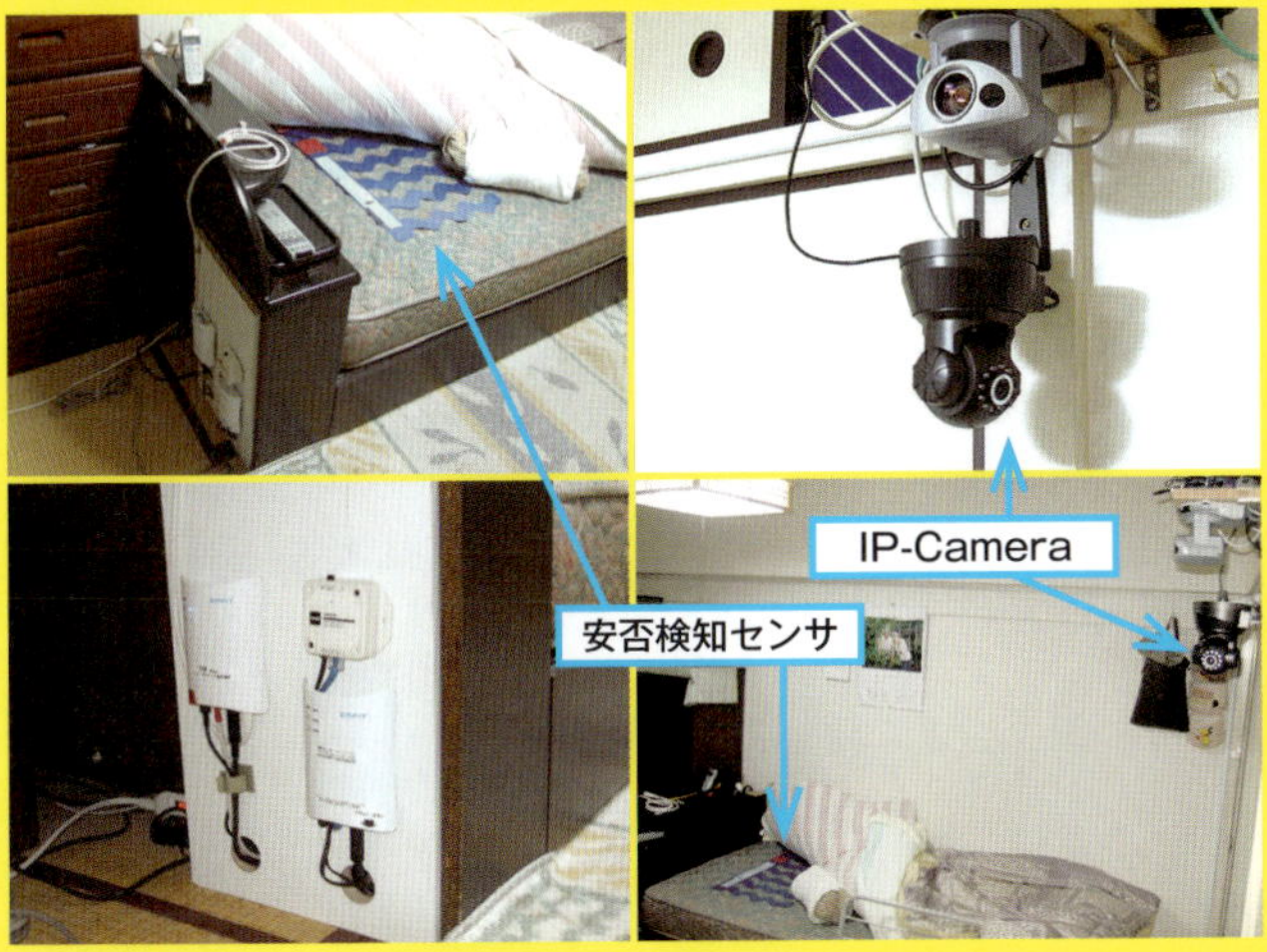

出口晴三代表理事のお父さま宅の設置例

す。阪神・淡路大震災で被災者がもっとも困ったのは「生活用水の確保」だそうです。飲料水はペットボトルなどである程度確保できます。困るのがトイレです。中越地震の際などは地震でお亡くなりになった方より、エコノミー症候群で亡くなった方のほうが多いともいわれています。これはトイレを我慢するため水分の摂取を控えたことが原因の1つになっている可能性があります。

ライフラインの復旧は電気がいちばん早いといわれています。しかし、電気が復旧しても点検が終わるまではエレベーターが使えるとは限りません。また、お風呂に入れなくても顔を洗ったり、体をふいたりするだけで不快さは相当改善されます。「東京スカイツリー®」はまち全体でこの生活用水を確保しますが、オール電化住宅は各家庭でこの準備ができます。

ガソリン自動車に頼った生活を見直す

専門家でもよく間違うことに、都会と地方の家庭でのエネルギー消費の問題があります。都会の人はエネルギーを浪費しているが、地方の人は自然のなかでエコな生活をしていると考える方も多いと思われます。実は地方では移動を自動車に頼らざるを得ないため、必ずしもそうとは言い切れません。

郊外型の団地などガソリン自動車に頼った生活の見直しは重要な課題です。団地再生には電気自動車をうまく使う視点がとても重要になることもおわかりいただけるかと思います。

ITを活用した独居老人対策

団地再生にもう1つ重要な視点があります。「一人暮らし高齢者の増加」の問題です。高度成長期に郊外に開発された大規模ニュータウンに集中流入した世代が子世代の独立で小世帯化し、団地に残った親世代の高齢化が過度に進むためだと考えられているからです。エリアマネジメント推進協会では出口晴三代表理事自らUR都市機構の東金町第二団地にお住まいの92歳のお父さまを被験者に「ITを活用した一人暮らし高齢者の見守りシステムの実験」をしています。

本来は、人手に頼り訪問して一人暮らしのお年寄りの様子を見守るのが理想なのでしょう。しかし、地方公共団体や子ども、地域住民の金銭的・労力的負担を考えるとIT活用についてはぜひ取り組まなければいけない課題です。東京大学名誉教授・東京理科大学教授の板尾清先生のご助言も受けながら、地方公共団体と一緒になった取り組みや、応用分野として長距離トラックの運転手の方などへも活用できないかなどの検討も進めています。

第4章

今ある資産に手を入れて

日本の団地再生は修理・修繕するか、あるいは建て替えるかの二者択一だった。しかし、最近は変わりつつある。一つひとつの団地や住棟に対して、費用と効果を検討したうえでどのような再生手法にすればよいのかを選択する欧米のやり方に近づいたのだ。UR都市機構が進めている「ルネッサンス計画」では、建て替えではない再生を試みている。スクラップ・アンド・ビルドの対極ともいえるストック活用型の再生手法と具体的事例を見る。

団地再生と生活空間の可能性を問う

向ヶ丘第一団地ストック再生実証試験から

「改修」で団地を再生する「ルネッサンス計画」が行われた。建物の一部を削り取る「減築」や、隣り合わせの2戸を1戸にする「水平2戸1住宅」などは具体的にどのように行われたのか。

株式会社星田逸郎空間都市研究所　星田逸郎

ほしだ・いつろう
1958年大阪府生まれ。神戸大学環境計画学科卒。2001年株式会社星田逸郎空間都市研究所を設立、都市・集住体・独立住宅などの幅広い計画・設計に従事

URのルネッサンス計画

UR都市機構は、76万戸の賃貸住宅ストックのうち、57万戸にあたる昭和40年代以降に建設されたストックについては、建て替えでなく改修によって、建物を活用していく方針となっています。それに先駆けて、「ルネッサンス計画」として住棟単位での総合的な改修技術の実証実験を、解体予定の住棟を活用して行っています。それが向ヶ丘第一団地ストック再生実証試験です。われわれは、戸田建設グループ（※1）という共同チームを組み、コンペで採用いただき、UR都市機構との共同実験を進めています。

実証試験の概要

対象となる住棟は3棟です。50年前に建設された旧向ヶ丘第一団地内の階段室型中層住棟で、4階建て壁式構造2棟、5階建てラーメン構造1棟です。それらについて、躯体改修・屋根設置・設備の実装から住戸内改装までの総合的な改修を実際に行います。それと並行して、躯体の構造検討、減築などの工法、遮音断熱などの環境性能、動線やバリアフリーなどの機能、そして共用部から住居内までを含めた生活空間環境の魅力を最大限引き出す可能性について実験や検証を行っています。

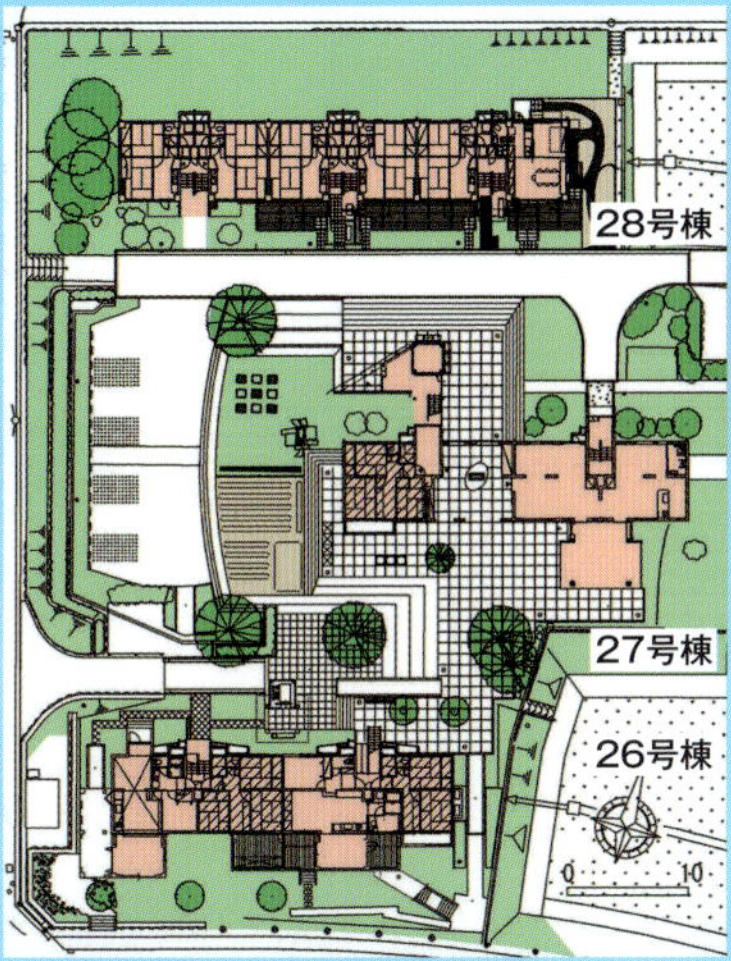

また、それに際しては、計画通知（確認申請）を実際に協議・提出し、許可を頂いています。（図1〜4）

住棟改修の概要

さまざまな専門的技術試験を行っていますが、それらはいったいどのような住まい像を支えるためのものなのか。そこが重要ではないでしょうか。このプロジェクトでは、団地の「生活空間の再編」をめざして以下の３つの点に力を注いでいます。

(1) 住まい手の視点の徹底／暮らしを育む

暮らしと環境の応答関係、一般見学者・体験者による具体的な意見の抽出、実際の居住実験を通した空間検証など、住まい手に近い暮らしの再生手法を検証しています。

(2) 「共用空間」の豊かな再生／まちをつくる

「住棟内路地」「南の縁側テラス」「減築のルーフテラス」「生活支援施設」「階段の保全」「ピロティ」など、共用空間の連続によりまちらしい空間の骨組みを創出しています。

(3) 新たな「住宅像」への展開／家をつくる

シェアドハウス（単身者が共同で住む家）やマルチルーム（住人が自由に使えるユニット）、まちに開いたカフェを持つ家、南の共同縁側に開いた家など、次世代のための住まい形

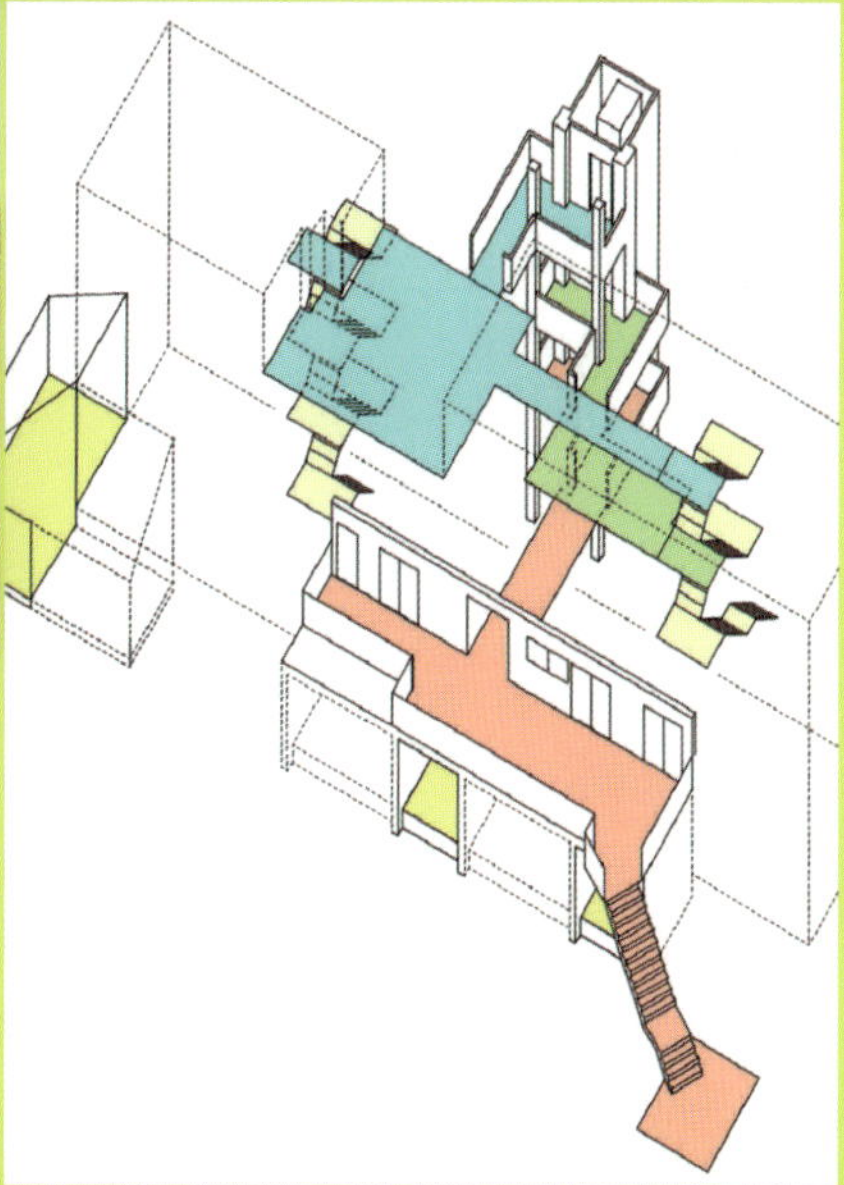

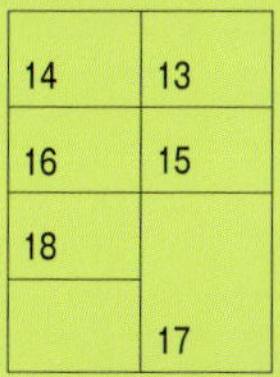

16. 26号棟南側外観
17. 26号棟共用空間の構成
18. 26号棟北側外観

式を探求しています。

＊　＊　＊　＊

さて、各住棟においての展開を具体的に紹介します。

まず26号棟は、階段や広場、テラスなどの共同空間を住棟内に立体的に構成し、眺望・風・光にあふれコミュニティを育む住棟の骨格となるよう設計しています。そのことにより、地中海や瀬戸内の伝統的な漁村集落のような暮らしよさ・気持ちよさを実現しました。

中央直結型のエレベーター（以下、ＥＶ）増築はおそらく全国初であり、それにより階段室をＥＶでふさがず、コミュニティや住戸の快適さを保全しています。また、住戸内を貫通していた設備配管を屋外化しメンテナンスしやすくしています。

①1階

- 緑豊かな屋外環境へ向かって居間・テラスを増築したガーデンテラス住宅（図5）
- 遊歩道や広場に面してテラスや居間を増築したまちかど住宅（図6、7）

これらの住宅は床を40㎝下げて天井を高くしました。

②2階

- 南向きの縁側テラス、地面への直階段、路地廊下、ＥＶの連続構成を実現しました（図8）
- 縁側テラスに開放した老若2つの単身用住宅によるコミュニティライフの創出を図りました

③4階

- 4階の1住戸分を減築し、共用の屋上テラスとしました。ＥＶと直結し誰もが4階の風や光、眺望を楽しめます。2つの家の玄関や路地廊下にもつながります（図9）
- 3、4階を一体化したメゾネット住宅は、既存共用階段を内部化してつなぐことで躯体をいじめず、開放的な空間に。屋上スラブを撤去し屋根をかけて天井を高くし開放的な居間に（図10、11）
- ミングル住宅（シェアドハウス）は、コンパクトな3つの個室と広く開放的な居間、共用空間を実現
- 余ったコンパクトなスペースを、住棟共用ユニットとし託児室・ランドリー・図書室・ゲストハウスなど新しい居住形態の契機に（図12）

27号棟は、次の3つの改修が特徴です。

①居住しながら施工可能なフラットアクセス型のＥＶ増築を実現（図13）

②1階の1住戸を空洞化しピロティ空間を確保

③1階の2住戸分と増築により団地のコミュニティ支援施設へとコンバージョンしています（図14）

そのほか、メゾネット住宅（ホームオフィス付）、屋根の設置と住戸内吹き抜け、増設バルコニー、設備配管の屋外化などを行いました。

28号棟は、4・5階の2層を丸ごと減築し3階建てに（耐震性能の向上）しました。全体に環境共生の仕掛けを徹底しています（図15）。

①屋根の設置と吹き抜け・ロフト、太陽熱温水利用、パーゴラの設置など
②エコ住宅、菜園付き住宅、リユースギャラリーなど環境型住宅への改修
③木製パーゴラの連続（1階）や断熱戸、土間、ウィンドキャッチャーなどアナログなエコの仕掛け
④外断熱の施工

＊　＊　＊　＊

これらの住棟は一般公開中です（※2）。現時点ですでに2000人を超える方々に体感していただきました。現在、それと並行して「生活検証」、すなわち実際に一般の方々に居住体験をしていただき、その感想や観察分析により、空間改修の効果の検証を行っています。

実現へ向けて

団地再生では基本的に、最小限の投資で最大の効果が期待されます。よって、まず団地のハードからソフトも含めた総合的な診断やカルテ、そして再生のシナリオとしてのマスタープランが必要で、その「海図」にのっとりながら、適材適所・適時の処方を配分していくことが有効となります。今回の実証試験では、実践に備えて、さまざまな工法や手法が、それぞれにどういう材料や手間がかかるのかという整理や把握とともに、より効率的な方法への改善など、反省や検証も行っています。

また、団地再生は、自主的負担や参加（住民）、自律的事業（企業、経済）、公的負担（公共）の三位一体（ＰＰＰ）の協調関係により、初めて実現が可能となります。よって、技術と手法だけでなく、法や組織も含めた社会的構造の創的な改善の試みが待たれるところだと思います。

※1　戸田建設株式会社大阪支店、若築建設株式会社大阪支店、京都工芸繊維大学鈴木研究室、株式会社星田逸郎空間都市研究所、米谷良章設計工房、株式会社和田建築技術研究所
※2　一般公開見学は終了しました

関東大震災と第二次世界大戦からの復興

ストック利用とまちづくりのマネジメント

日本の都市計画を振り返ると、
曳家《ひきや》という技術を用いて既存の建物を取り壊すことなく
臨機応変に対応していたことがわかった。
団地という社会的ストックを活用するために必要なこととは？

明治大学理工学部 助手／明治大学大学院 博士後期課程
石榑督和

いしぐれ・まさかず
1986年岐阜県生まれ。明治大学理工学部建築学科卒業。現在、明治大学理工学部助手、明治大学大学院博士後期課程 建築史・建築論研究室所属

われわれの世代が取り組むべき問題

1955年に日本住宅公団ができ、1970年代にかけては団地建設が都市計画における住宅政策の主力となっていく。それらの団地は築後20～30年を迎え、大規模な修繕や建て替えが行われている。

筆者は今年で26歳であるが、現在通う大学院の同級生のなかには子ども時代を団地で過ごしたという友人も少なくない。筆者がその友人の1人と彼が高校卒業まで過ごした団地を訪れた際、彼は子どもの頃どんな風にその団地で遊んでいたかということをとても魅力的に語ってくれた。団地内の起伏がある公園や道路をローラーブレードで走り回ったり、キックベースをしたり、缶蹴りをしたこと。普段は地上で行う「鬼ごっこ」や、「ドロケイ」を「団鬼」、「団ドロ」と称して団地のエレベーターや階段、渡り廊下に場所を限定し立体的に行うルールをつくっていたこと。彼の話を聞きながら、団地を散歩するだけで、いろいろな場所で子どもが遊んでいただろうことが想像できた（写真1）。彼の家族がその団地に住んでいた当時は、彼の同級生の多くが同じ団地に住んでいたという。当時団地内にはとても温かいコミュニティがあったことも、彼は話してくれた。

写真1 多摩ニュータウン　豊ケ丘団地

彼と同様に筆者の同世代には、団地が生き生きと住まわれた時代に団地で子ども時代を過ごし、そこを最高の遊び場として楽しんだ人が多く存在する。その世代が社会に出て活躍する現在において、団地は大規模修繕の必要性や、空き家に象徴されるコミュニティの崩壊などの問題にさらされている。「団地再生」はわれわれの世代が切に取り組むべき問題であると実感する。とはいえ、まったくの門外漢である筆者は、ストック利用とまちづくりのマネジメントについて、過去の日本の都市計画を振り返ることで団地再生を考えたい。

ライネフェルデの団地再生事業

本コーナーでは、過去に「団地再生」に関する数々の試行錯誤が取り上げられてきた。もっとも多く紹介されたのは、ドイツのライネフェルデにおける団地再生事業であろうか(写真2)。

ライネフェルデでは、古くなった建物を壊し新築するスクラップ・アンド・ビルドではなく、ストック利用が大前提で、傷んだ部分を補修し部分的に増改築や減築を行うことで、居住者が減少したことに対応し、居住性もデザイン性も向上させている。またハード面だけではなく、現状調査、業者選択やコーディネート、居住者の仮住まいや引っ越しなど事業のマネジメントも充実していたことが紹介されている。スクラップ・アンド・ビルドがあたりまえとなっている現代日本において、ライネフェルデの事例は非常に多くの示唆を与えてくれる。

日本の都市計画はストック利用だった

しかし、ストック利用という問題と、既成市街地の再編計画におけるマネジメントの問題を考えるうえでは、ヨーロッパの事例だけではなく、高度成長期以前の日本の都市計画も大いに参考になるのではないか。

そもそも、日本の住宅文化がスクラップ・アンド・ビルドを前提としたものになったのは、高度成長期以降で、それ以前はむしろ、都市計画においてはストック利用を前提としたマネジメントが行われていた。日本の既成市街地における都市計画手法として、もっとも一般的な区画整理は建物を解体せず原型のまま移動させる曳家という技術を前提に確立された。区画整理で土地が動く場合、その土地の上に建つ建物の移転方法はいくつかの工法から選択され、その工法を行うための補償がなされる。日本の近代都市計画はスクラップ・アンド・ビルドを前提に確立されたのではなく、ストック利用が前提であった。その特徴がもっとも現れたのは、関東大震災後の区画整理であり、戦災復興における区画整理である。

震災復興で約20万棟を曳家

関東大震災後、政府は通称バラック令を出し、罹災区域では撤去あるいは移動が容易な仮設的建物であれば、市街地建築物法の規定をほぼ免除することとした。灰じんに帰したかに見えた都市では、すぐに焼け跡から雨後の筍のようにバラックが簇生《そうせい》する。そして、震災から数年後には、震災以前と大局的にはなんら変わらないまちなみへと回復する。この間に政府は区画整理の換地設計を終え、震災後数年間に生まれたバラックのうち約20万棟をほとんど取り壊すことなく、曳家することによって区画整理事業を行った。まさにパズルを解くようにバラックを動かす順番を計画し、あっちからこっちへと段取りよく動かして再配置を行うことで、震災後の自律的復興を基礎とした区画整理後の市街地を暫定的につくっていったのだ。

現在でも各地で既成市街地の区画整理が行われている。その際に、震災後と同じように既存の建物を曳家によって移動し、再配置を行うことで区画整理を行うことは技術的には可能である。しかし、高度成長以降、区画整理時の曳家は激減しており、現在では既存の建物を壊して、換地先に新しい建

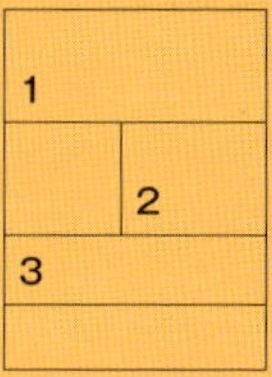

1. 写真2 ライネフェルデの団地再生。W. キールほか『ライネフェルデの奇跡』水曜社、2009年より
2. 写真3 新宿東口駅前の和田組マーケット。『ヤミ市模型の調査と展示』東京都江戸東京博物館、1994年より
3. 写真4 1948年4月の新宿東口。『ヤミ市模型の調査と展示』東京都江戸東京博物館、1994年所収の写真3枚を筆者合成

物を建てることがほとんどである。

アナーキーだった戦災復興

戦災復興は、震災復興に比べ、はるかにアナーキーであった。筆者は新宿駅周辺の戦後復興を研究しているが、その過程は極めて捉えにくい。終戦後、震災時と同様にバラック令が出され、東京の焼け跡にはバラックが建つ。その多くは住宅であったが、新宿駅周辺では闇市の空間となり、そのほとんどが不法占拠であった。終戦から約1年が経つと、闇市は露店形式のものから、マーケットと呼ばれる土地へ定着した木造長屋バラックへと、その建築形態を変えていく(写真3)。そして終戦から数年経つと、新宿駅周辺には闇市を中心としたバラックのまちなみが出そろう(写真4)。そのバラックでできたまちなみは、土地所有者、建物所有者、借家人が異なり、かつ多くが不法占拠という極めて重層的な関係を持ったものであった。

新宿駅東口では1950年前後から区画整理が始まる。震災復興同様に曳家を前提とした市街地の再編が行われたが、その事業は震災復興のようには進まなかった。マーケットによる不法占拠が広く行われていたため、そのマーケットを少しずつ移転させながら区画整理を進めた。

その過程は漸進的なもので、近代都市計画が理想とした一体的開発からはかけ離れたものであったが、日本の都市計画において時間を使いながら、計画者と住民が結託して空間をつくりあげる過程だったと考えれば、都市計画におけるマネジメントの事例としてきわめて有用なドキュメントとなるであろう。

過去の復興手法を団地再生に応用

東京が経験した二度の災害、関東大震災と戦災後に行われた区画整理は、ともに災害後に自律的にできあがったバラックを利用した市街地の再生であった。日本において都市計画事業が行われる際、建物を壊し新築することがあたりまえとなるのは高度成長期以降である。また、戦災復興は特に、欧米の近代都市計画とは異なり、時間を使ってそのつど暫定的に事業を進めるものであった。

これらの過程を理論化し、都市計画の技術のなかに組み込むことができれば、日本独自の都市計画を考えることができるのではないか。また、それは時間をかけてまちづくりを行う団地再生においても、重要な示唆を与えてくれるものとなるであろう。日本の都市計画がたどった過程の理論化が急がれる。

アジアの団地再生を考える

マレーシアの居住者による自主的な住戸改造

マレーシアの集合住宅では、自主的な住戸改造が盛んだ。
これは建築物と現地の風土に「ずれ」があることを示している。
この「ずれ」をしっかり見つめていくことは、
これからはじまる日本の団地再生のヒントとなる。

名城大学 理工学部 准教授
生田京子

いくた・きょうこ
1971年東京都生まれ。1995年早稲田大学大学院理工学研究科修了。2005年名古屋大学環境学研究科博士課程修了。名古屋大学助教授、准教授を経て、2010年より現職

生活感あふれる東南アジアの集合住宅

東南アジアの国を旅したときに、集合住宅に目を向けたことはありますか？ 目を向けた方はお気づきのことでしょう。古い建物であればあるほど、写真1のように住民個々によって、さまざまな住戸改造がなされていることに。ひさしやバルコニーが付加され、そこに洗濯物のみならず食器や家具まで持ち出されている風景は生活感にあふれて、なんともアジアらしい印象を与えます。

しかし、なぜこのような改造が行われるのでしょう。日本では、個人単位でここまでの改造が行われることはほとんどありませんし、もしあなたの隣人がこのような改修を行っていたら、たとえ構造的には問題がない場合でも、少なからず不愉快かもしれません。そこには、共用空間に対する独特の文化が存在するようです。

植民地支配の歴史とモダニズム建築の導入

マレーシアは、オランダ・イギリスの植民地としての歴史があり、法制度や経済システムは宗主国の影響を強く受けています。

マレーシアを含む多くのアジアの国々で、1960年代か

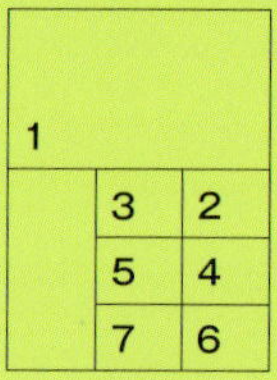

1. 写真1 さまざま住戸改造が行われているマレーシアの集合住宅
2～7. 写真2 マレーシアの集合住宅
2、3. SURAU AD DINIAH（1980年竣工）全戸賃貸
4、5. WANGSA MAJU SECTION1（1978年竣工）自己所有・賃貸混合
6、7. WANGSA MAJU SECTION2（1979年竣工）自己所有・賃貸混合

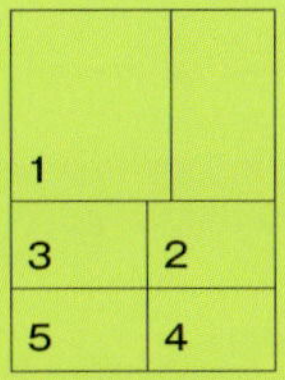

1. 住まい方の例〈生活動作〉 A.お祈り B.就寝 C.くつろぐ D.机作業 E.食事 F.調理 G.洗濯 H.物干し I.応接
2. 写真4 ひさしが取り付けられている
3. 写真5 外部への増築
4. 写真6 間仕切り壁の増設・撤去
5. 写真7 厨房設備の増設

ら1980年代にかけて急速な都市化が進みました。都市の人口の増加とともに、多くの団地が開発されましたが、それらのデザインは植民地時代の宗主国から影響を受け、西欧のモダニズム建築の形で大量供給されました。

しかし、マレーシアは赤道付近に位置し、方位による日射の違いが小さく、年間を通して気温が26〜27℃と暑い国です。また雨季には定期的にスコールが降ります。そこに西欧よりコンクリート造りの気密性の高い集合住宅の形式が導入されました。そのことを考えると、それらがいかに木造の伝統的な住宅形式とかけ離れたものであり、住まい方に変化を要するものであったかは想像に難くありません。

供給された建築と住まい方の「ずれ」

現在マレーシアの集合住宅において、居住者による自主的な住戸改造が日常的に行われていることは、居住者の多様な住まいへの欲求を示しているといえるでしょう。それらは、供給されてきた建築と住まい方の「ずれ」を示しているともいえるのではないでしょうか。

1960年代から1980年代にかけて供給されてきた団地の建築ストックは、やがて老朽化とともに再生活用を求められる時期に入ります。その際、この「ずれ」を確認する作業は、新たな再生デザインに向けた大きなヒントになると考えます。

事例にみる住まい方と住戸改造

以下、いくつかの事例における住戸改造の実態を見ながら、「ずれ」について考えていきます。

ここではマレーシアの首都であり、経済の中心であるクアラルンプル市内の大規模集合住宅地、WANGSA MAJU地区から、1980年前後の開発事例であり、中層の住棟の事例3つを取り上げます（写真2）。

どのような家族が住んでいるのでしょうか。マレーシアは多民族国家であり、それぞれの民族の宗教を尊重した生活様式を国家が認めていますが、この3団地では、住民の80％がマレー系、14％がインド系、4％が華人系でした。ほとんどの場合は2〜5人家族で、収入は賃貸世帯で約RM2000（5・8万円）、自己所有世帯で約RM3000（8・7万円）、マレーシアの平均的な収入の方たちが住んでいました。

住戸は、いずれも面積50㎡程度で、主室1・個室2・キッチン・トイレ（沐浴のための桶を併設）・バルコニーで構成されています。廊下より玄関を入ったすぐのところが、応接・くつろぎ空間に使われており、キッチンやトイレが窓際にあるのが特徴です。調理・洗濯などの家事は窓際ですべて行われ、湿気のあるものはどんどん窓際で乾かすようです。また寝食の場面で、床にカーペットを敷いて寝る、床に座してくつろぐなど、床に根ざした生活スタイルも一部見られました（写真3）。

さて、住戸改造についてアンケート調査（回答102戸）を行ったところ、その半数もの住戸でなんらかの改造が行われていました。どのような改造を行っていたでしょうか？次にくわしく見ていきます。

外壁に関係する改造

■ひさしの取り付け

開口部の形状に合わせ、骨組みとビニール製の素材によってつくられるものや、瓦を模した形状のものが見られました（写真4）。このようなひさしはキットで販売されており、住民が自ら取り付けていました。強い日射を遮るためでしょう。

■出窓の取り付け

バルコニーなどに金属製の柵を張り出すように設置したものをここでは出窓と呼びます。窓際のキッチンの近くに設置されることが多く、食器などを置く棚代わりに使用されたり、洗濯物を干す際にも利用されていました。

■外部への増築

住戸外部にコンクリートブロックなどを用いて自らの領域をつくったり、壁面によって完全に室内化している事例もありました（写真5）。廊下と反対側へ張り出した増築部分は、主に家事空間として、巨大な増築の場合には居間機能として使われていました。

一方、行き止まりの廊下を占有する形の増築も見られ、そちらは簡単な接客空間として利用されていました。いずれも金格子や腰壁の使用で、空気の流れをさえぎらない半外部のものがほとんどでした。

内部にかかわる改造

■間仕切り壁の増設・撤去

多く見られたのは、キッチンまわりとオープンスペースの境において間仕切り壁を増設したり、撤去する事例でした（写真6）。

■金格子扉の設置

基本的に、玄関および各室の間仕切りにはすべて木製の扉が取り付けられています。しかし、住戸玄関のほぼすべてにおいて、玄関扉とは別に金格子戸が居住者によって設置されており、日中は玄関扉を開け放し、金格子戸のみを閉めた状態にしている光景が多く見られました。これは気温が高く、蒸し暑い日中に通風を確保するためでしょう。室内においても、扉は開け放す、もしくは取り外した状態でレースやカーテンを取り付けている住戸がほとんどでした。

■床・壁面仕上げの変更

初期の床・壁面の状態はコンクリート表面に塗装をしたのみで、住民は新たにシートやタイルを貼って改善を行っていました。

■厨房設備の増設

入居時のキッチン設備は簡易なシンクのみでした。今やそれだけで暮らす住民はほとんどなく、シンクまわりで増設したり、増築部に新たなキッチン設備を取り付けるなどを行っていました（写真7）。改修後は総じてシンクとコンロが離れているようです。既存建物の形態的問題ともいえますが、一方で訪問時には「キッチン周りの床に座り込んで食材の下処理をし、バルコニーのコンロで調理をする」といった光景も見られ、こうした距離の許容は文化性といえるかもしれません。

風土を考慮した団地再生を

ここまで、マレーシアの団地居住者による自主的な住戸改造の実態を見てきました。居住者の生活はバルコニーや増築部など、住戸内部に留まらず半外部に展開して行われており、開放的なものでした。この住戸改造の実態や居住者の住まい方は、与えられた建物の気密性とは相対するものです。今後アジアで団地再生事業が展開していく際には、いま一度、土地独自の気候や条件・住文化に柔軟に対応した再生手法が検討されるべきでしょう。

※本文は、科学研究費補助金「組織と合意形成手法に着目した韓国・マレーシア・シンガポール戦後ニュータウンの再生」（代表　村上心）の助成を受けて行った研究に基づき、まとめさせていただきました。調査にご協力いただいた、住民の皆さまに心より感謝申し上げます。

住みつづけられる集合住宅

快適な「100年マンション」をめざすには

70〜100年前に建てられたコンクリート造りの住宅団地。ドイツ・ベルリンでは外断熱やエレベーター設置といった改修工事を重ねながら、今でも人が住みつづけている。長生きマンション・団地に必要なハードとソフトを探る。

住まいとまちづくりコープ 代表 千代崎一夫

ちよざき・かずお
マンション管理士・第1種電気工事士。長期営繕計画作成、大規模改修・耐震補強工事などのコンサルタント、規約や管理システムの見直し、管理組合の顧問、防災講座講師などを担当。『大震災に備える!! マンションの防災マニュアル』などを出版

住宅の寿命

日本の住宅の寿命はとても短いです。持ち家にしても賃貸にしても同じです。人の一生より住宅の寿命が半分に満たないほど短ければ、建て替えに追われて「住宅貧乏」です。個人が貧乏なら国も「住宅貧乏」で、文化向上はあり得ません。

集合住宅が主流に

全国で集合住宅は41・7%を占め、三大都市圏では52・1%となって戸建てを上回っています。このように全国でも集合住宅が主流となり、都市ではマンションが居住スタイルとして定着し、多数を占めるようになりました。

居住者の状況は、単身高齢者は全国で35%、関東では50%以上が集合住宅に住んでおり、集合住宅を長持ちさせることは高齢者の居住を守ることにもつながっています。

マンション購入は自衛

安心で快適な公的住宅が安定して供給されていれば、マンションに住む人は減るかもしれません。たとえば、東京都では長い間都営住宅は増えていませんので、自衛策としてマンション購入を考えている人も多いようです。公的住宅が「少

量」「決して安くない家賃」「快適とは限らない」「安定して住みつづけられない」からこそ、「大量」「民間家賃と同程度でローン返済」「バリエーションがある」「一応持ち家」のマンションを買うことにもつながっています。

マンションも終の住処

自衛策として買ったマンションであっても、今日では終の住処として考えている人も多くなっています。必ずしも戸建てと比べて「マンションはよい」「マンションがよい」とはいえなくても、「マンションもよい」くらいはいいたいと思っています。そこで「マンションはよい」「マンションもよい」「マンションもえーど」と「エイド（救援）」ということを絡めて「マンションエイド」という言葉を考えました。そして、このエイドを行う人を「マンションエイダー」と名づけました。

また、人も建物も環境も大切にするという立場でマンションに住む人を「エコ派マンション人」と命名しました。このような人は、これから増えていく気がします。

快適に住むための費用

マンションでは自分たちのお金を積み立てて、維持管理のための小修繕や大規模改修を行います。日本では、マンションでこそ、「快適な住生活のための維持管理費用」というのが初めて把握できたのではないかと思っています。

ドイツの団地は長生きでカッコいい！

ドイツには鉄筋コンクリートの時代になってできた第一次大戦前（90年以上）、大戦の間（80年ほど）、終戦後（60年ほど）の集合住宅がたくさんあります。外断熱をする、エレベーターを設置するなど工夫を凝らして改修工事をして使いつづけています。

団地が世界遺産

２００８年7月に「ベルリンのモダン・ジードルング」（住宅団地）が世界遺産に登録されました。これらはすべて１９１３年から１９３４年にかけて建設された住宅団地で、第一次大戦前からワイマール憲法の時期に起こった住宅不足の対策でした。都市計画家であり建築家であった、日本でも名前が知られているブルーノ・タウトや、バウハウスの初代校長ヴァルター・グロピウスなどが携わっています。そのコンセプトは「キッチン、バス、バルコニーが付き、庭はありませんが十分に外気や光がとり入れられ、機能的かつ実用的な間取りで、しかも割安な住宅であり、その後の社会主義的

ベルリン世界遺産　ファルケンベルク庭園街
1913年竣工(築99年)

ベルリン世界遺産　ファルケンベルク
庭園街　1913年竣工(築99年)

写真提供:山下千佳

住宅建築や都市景観に多大な影響を与えた」として高く評価されています。(世界遺産登録説明資料より)

これらの住宅団地は、80年、90年、100年の年月を経たとは思えないほど美しく、緑いっぱいの空間のなかに建ち、ベランダや玄関先には花が飾られ、生活の楽しさと豊かさがうかがわれました。そこにはぜいたくな住宅と居住環境があり、労働者のための割安な住宅というものは、少しも感じられません。

色彩の魔術師といわれたブルーノ・タウト設計のカール・レギエン住宅街、ファルケンベルク庭園街は、見事なまでの配色でした。「勤労者のための集合住宅は、建設費用を抑えるため、画一的にならざるを得ない宿命を抱えていました。そこでタウトは、色彩を多用することで、コストをかけず、同じつくりの家に個性をもたせたのです。ブルーノ・タウトは、現代につながるモダンな住まいへの扉を開きました。めざしたのは、勤労者のためのユートピア」とTV番組で取り上げられていましたが、実際に建物を見て、その言葉の重さを実感しました。都市の集合住宅で田園気分を満喫する「屋外居住空間」というユニークな発想でできていて、自然と建物の調和がすばらしい住環境を維持していることに気づかされました。

石造りではありません

欧米の住宅の話をすると「石だから長持ちする」とよくいわれますが、ここで紹介した住宅団地は、すべてコンクリートです。

日本でも長生きマンション・長生き団地を

マンションを長持ちさせることは世界の目標とも一致します。長持ちさせることは、古くて不便なマンションに我慢をしながら住むということとは違います。便利で快適なマンションにすることこそが長生きへの一歩です。

機能と住み心地、ハードとソフト

長生きマンションはこの2つの柱で育っていくものだと思います。

建物の維持と向上という物理的な機能とそこに住みたいという気持ちの両方が大切です。まずは総合的に見て建物の状態を把握することから始めます。

建築

コンクリートの強さや鉄筋の本数を含めて、耐震強度を調べて、必要なら耐震補強も行います。耐震補強による面積増

にはゆるやかな対応が行われるようになってきました。また、さまざまな工法が開発されていて、たいていの場合、補強が可能です。

表面の塗装やタイル貼りはコンクリート保護と意匠上の両方の役割を持っています。その上に同じような性能をもつ材料や、外断熱で省エネ、CO_2削減を図ることになります。

電気設備

電気設備も今あるものの機能の維持のほか、電化に対する容量アップや新しいメディアに対応することもできます。省エネへの対応もCO_2削減の観点から大切です。ただし、使っているものを捨てて、新しい省エネタイプへの交換は見極めが大切です。

管設備

水道の能力が高くなったことで5階までポンプなしでもよい地域も出てきました。配管などの材料も鉄と銅の時代からステンレスや樹脂を使ったり、樹脂管を取り替えられる「さや管ヘッダー方式」も普及しています。

電気も管も機能を満たしているだけではなく、設備を含めて建築とのデザインの調和もよく考えましょう。

2	1
4	3
	5

1. ベルリン世界遺産　カール・レギエン住宅団地　1928年竣工(築84年)
2. ベルリン世界遺産　ジーメンス・ジードルング　1929年竣工(築83年)
3. フライブルクのヴォーバン地区の先進エコ団地(パッシブハウス)
4. 東京都板橋区高島平のUR職員住宅。階段室タイプのエレベーター設置
5. NEXT21(大阪ガス実験住宅)。屋上には7.5kWの太陽光パネルを設置。屋上緑化を行い、建物全体が緑で覆われている

写真提供:山下千佳

エレベーター設備

高齢となり足が不自由になり、階段があるから今住んでいるところには居られないという方もいます。階段室タイプに対応したエレベーターも工夫がされてきています。階段室に1台ずつ設置するエレベーターもありますし、廊下をつくってエレベーターの台数を減らせるタイプもあります。法的にもエレベーター増築はゆるやかに扱ってくれるようになりました。

コミュニティ

よいコミュニティが生まれやすい建物への工夫ということは努力しなければなりませんが、建物の条件はなくてもコミュニティはつくれますし、よくなる可能性はあります。このまちで暮らしていきたい、この人たちと一緒に住みつづけたいと思うことはコミュニティ形成に欠かせません。

そのためにそのマンションが建物として安定して長持ちするということが改善・改良につながり、快適に暮らす条件を高め、よいコミュニティをつくる状況が増えます。

100年マンションへの確信、そしてマンションのスマート化時代へ

ドイツの長生き団地や日本でも少ないが残っている建物の例から判断すると、コンクリートの集合住宅を長持ちさせられることがわかります。省エネ、CO_2削減という流れに沿い、快適に住みつづけられる集合住宅にするには、「①維持管理をきちんとする。②改良改善をいとわない。③長期的、広い視野での管理を行う。④住んでいて気持ちのよいマンションをめざす。⑤住んでいて安心な地域をめざす。⑥組合運営で多数決だけに頼らないほんとうの民主主義を進める」などが考えられます。

住宅は暮らしの基盤です。エコ派マンション人として、マンションのスマート化をめざしながら、未来の利益を代弁するという意識で、時を経て魅力を増すビンテージマンション・団地を一緒にデザインしましょう。

「マンション」という器での暮らし方

固有の「よさ」を活かした再生事例

さくら事務所 岡田仲史

おかだ・なかふみ
1973年東京都生まれ。明治大学大学院理工学研究科建築学修士。現在、株式会社さくら事務所でマンション管理組合向けサービスに従事。NPO法人日本ホームインスペクターズ協会理事（Twitter ID：@esumae）

マンションを「器」に見立てると、その構造や特長によっていろいろな使い方があり、何を入れるかによってもさまざまな可能性が見えてくる。自らが住む団地のよさを引き出す方法とは？

職人がつくるピクニックバスケット

先日、インターネットのショッピングサイトを見ていたら、白竹で編まれた角が四角くなっているピクニックバスケットを見つけました。四角い形の竹細工は「角もの」と呼ばれているそうです。

竹はとても軽く持ち運びに便利です。縦横に編まれた籠だと通気性がよく、なかのものを蒸れさせないという特徴もあります。先代から受け継がれた角もの専門の職人によるピクニックバスケット、ありふれたプラスチックなどの素材ではなく白竹で編まれた籠にお弁当を入れて出かける。とても楽しいピクニックになりそうです。

このように、どんな素材でできているか、どんな工夫がされているかということで、同じ籠でも使いやすさがずいぶんと変わってくるということがわかります。そして、同じバスケットでも、お昼のお弁当を入れればランチバスケットになりますし、果物を入れればフルーツバスケットになります。なかに何を入れるかで、その呼び方も変わるわけです。

器をどうつくり、どう使うか

バスケットを職人が白竹で編んだように、マンションではどのような建て方があるのでしょうか。また、バスケットに果物を入れればフルーツバスケットになるように、マンションもどのように使うかで生活が大きく変わります。

マンションという暮らしの器を、どうつくり、どのように使うか、4つの事例で見ていきます。

【事例①】希少価値の高いお宝マンション

マンション住戸の配置のしかたに階段室型というものがあります。エレベーターを降りると左右の両側に1戸ずつ2戸の住宅があるプランです。

写真1　現在はあまり見られない階段室型のマンション

階段室型のマンションのいちばんの特徴は、玄関が立ち並ぶ長い共用廊下がないことです。共用廊下の代わりに、玄関側の部屋にもバルコニーがつくられています。玄関側の部屋でも窓の前に人が通行する廊下がないので、人目を気にせず窓を開けっ放しにすることができます。

最近では、こうした階段室型のマンションは見かけなくなりました。エレベーターと階段を数多くつくる必要があり、建設コストが大きくなるのが理由です。

写真1は、1987年に建てられた築24年のマンションです。今では見られなくなった、職人技のような階段室型のお宝マンションを見つけました。

【事例②】集会室が図書室に

あるマンションでは、集会室の出入口にある前室を住民みんなが使える図書室につくり替えました。住民の読まなくなった本を集めて、分野別に整理して図書室にしているのです。

初めは分野別だけだったのを、最近になって文庫本には作家別に見出しをつけました。とても読みやすく整理されています。本の種類は、子どもが進学して使わなくなった学習教材から小説、ビジネス書など、子どもから大人まで楽しめる豊富なカテゴリーの本が並んでいます。

		器を、どうつくり、どう使うか		
バスケット	籠		角もの職人が	白竹を編んでつくった
	白竹の籠		果物を入れて	フルーツバスケットに
マンション	【事例①】1987年竣工のマンション	共用部	住戸の配置を	階段室型で計画
	【事例②】集会室	共用部	管理組合が	図書室に
	【事例③】築51年の団地	共用部／専有部	住まい方を	シェア型賃貸マンションに
	【事例④】築20年のマンション	専有部	リビングを	フルリフォーム

写真2 シェア型賃貸マンションに生まれ変わった築51年の団地

このように、集会室の前室が図書室として使われることにより、住民が持ち寄った本をリサイクルできるというのも、循環型社会にマッチしています。

そのままでは特に用途のない空間も、アイデア次第でまったく別のものに生まれ変わります。

【事例③】築51年の団地をシェア型賃貸マンションに

1960年に建てられた築51年の団地には、樹齢70年を超えるケヤキやもみの木に囲まれた自然が備わっていました。古い団地は解体され、広い敷地は土地の最大活用ということで所狭しと家が建てられるというのが、これまでの住宅開発でした。

しかし、この団地は違いました。豊かな自然は誰もが集えるオープンスペースとし、菜園やバーベキュー広場がつくられました。建物規模はそのままでも、間仕切り壁を撤去して広い部屋をつくることや、耐震補強が施されました。

住居の形態としては、通常の賃貸マンションではなくシェア型賃貸マンションになりました。シェア型賃貸マンションでは、住民が交流できるラウンジやシアタールームなどの共用スペースがあります。

豊かな自然、ゆとりあるオープンスペースといったもともとある団地のよさを最大限に活かした団地再生の事例です（写真2）。

【事例④】築20年のマンションをフルリフォーム

築20年の中古マンションを購入したNさんは、購入と同時に自分の好みに合わせて内装をフルリフォームしました。リビングの隣にあった洋室をひと続きにして、20畳近いリビングにしたのです。

その後、旦那さんの転勤で、そのマンションを賃貸として貸すことになりました。数年で戻ってくる予定だったので、3年間の期限付きでマンションを貸すことにしました。不動産屋の掲示板には、借り手の決まらない賃貸マンションがたくさん貼られています。3年間の期限付きということもあり、借り手が見つかるか心配でした。しかし、フルリフォームで内装を一新したためか、早々に借り手を見つけることができました。

そして、転勤から戻ってくることになり、住まわれている方に「契約通りあと1年でお引っ越しをお願いします」と話をしました。すると「このマンションがとても気に入ったので私に売ってくれませんか？」という言葉が返ってきました。

さすがに売ることにはなりませんでしたが、築20年のマンションでもリフォームのしかた次第で、予期せぬ買い手が現れるという事例です。

あなたなら、バスケットに何を入れますか？

皆さんがお住まいのマンションにも、そのマンションがもともと備えている立地、環境、建てられ方などにそれぞれのよさがあると思います。そんな器としてのマンションの素材のよさを探してみてください。

素材のよさを見つけたら、次はその器に何を入れるかです。マンションの広い中庭を子どもたちが遊べるスペースにする。マンションによっては制限があるところもありますが、子ども部屋だった洋室に畳を敷いて、炉をきってお茶室にする。いろいろな可能性が見えてきます。

白竹の籠は使い込むほどに飴色に色が変わって愛着が出てきます。

皆さまのマンションでも、素材のよさを十分に活かして、愛着をもって暮らすことができればとてもすばらしいことだと思います。

古い団地の魅力を知って、新たな時へと繋《つな》ぐ

新しくなくてもいい！ 時を含んだ今にする

どりーむ編集局 副編集長 北出美由紀

きたで・みゆき
1971年東京都生まれ。東京家政大学文学部英語英文学科卒。現在、どりーむ編集局発行のインテリア誌『DREAM』の副編集長。「美しく心豊かに住まうために」をテーマに、日本のインテリアを定点観測し続ける

新しいものだけがよいものというわけではなく時でしかなし得ない「旧《ふる》びの魅力」に気がついた住み手は含んだ時間も愉しむ感覚で住まいをアレンジ。新たに時を繋ぐ暮らしから再生のヒントを探る。

皆さんが暮らしているところをちょっと見回してみてください

今、どのようなものがまわりに見えますか？ 白く明るい部屋。階下に続く市街の眺め。古材を用いたディテール。コンクリート打ち放しの天井。祖母からもらった使い込まれた文机。落ち着く暗がりのスペース。こだわり集めた家具。座のある暮らし、畳に障子。棚上に並べられたたくさんの小物たち。キッチンの窓からは空と山が見える…など。

おそらく、それらのあちらこちらに、自身のインテリアの原風景を見つけることができると思います。小さな頃からの暮らしは、少しずつ無意識下、あるいは意識をもって記憶に蓄積され、結果として今、暮らしている住まい方を形成しています。多少、足し算・引き算はあるとは思いますが、人それぞれの記憶や経験を含んで、現在のインテリアに反映されています。

「本棚を見れば、その人の頭のなかがわかる」とよく聞きますが、それ以上に「インテリアを見れば、その人自身がわかる」ともいえるかもしれません。

今回は、小誌『DREAM』で長年にわたり取材をしてきた数多くの住まいのなかから、昨今のインテリア空間に目を

向け、団地再生について考えてみたいと思います。

「不動産屋さんには、ここだけは買わない方が…と言われた部屋でした」

ル・コルビュジエに師事し、戦前・戦後の日本建築をリードした、故・坂倉準三氏が初めて手がけた、東京・小平市のマンションを購入した住人は、全36戸がすべて異なる入り組んだ設計とその空間とに魅力を覚え、どうしてもそこに住みたいと思い、空き部屋が出るのを待っていたそうです。築年数はかなり古く、カビや床・壁の痛みなどでひどく荒れていた室内でしたが、建築家のデザインを思わせる木組み格子のドアや窓枠、バスルームなどは残し、あとは、当時と今という時の眼をもってリフォーム（写真1）。

戦後の文化住宅に基づく「○○ＬＤＫ」思想がぬぐえないままの部屋数本意で小分けされ、狭い空間のみを増やす間取りではなく、無駄な仕切りがない坂倉氏の空間構成でメゾネットの室内。玄関を入ると目線は、リビングへと向かう格子の扉を通り抜け、その先の窓外の緑へ続くことで、部屋をより広々と見せています。

キッチンやリビングを配した上階とプライベートルームのある下の階とをつなぐ階段も入居前はかなり傷んでおり、それに替わる材を探し求めたそうです。やっと見つけた古材は、イギリスの古い家を取り壊した際の廃材だったとか。リフォーム後、その仕上がりの色合いと風合いは、時を含み、新材では味わえない温もりをもつ穏やかな空間にしています（写真2）。

水まわりや電気製品などは、当時最新のモノを入れてはいるものの、故障や不具合、現代の生活に合った使い勝手…などを考え、先進技術と新たな機能を付加した便利で機能的な製品を導入。洗面には、大きな鏡を入れることで、その映り込みの空間も新たな広がりにして、スペースの狭さも克服。トイレ空間では形の気に入ったものがなかなか見つからず、たまたまホームセンターで見つけたトイレを夫婦2人で引きずりながらも持ち帰り、苦労して取り付けたとか。吟味し、納得したモノたちが集まってきた経緯も大切な記憶として、それは愛着となってインテリアに深みを加えています。

建物が新しくなくても、住人のセンスと、時を捉えたメンテナンス、そして建築家が残した機能と合理とを持つ場との対話で、リ・セットされた鮮度を楽しんで暮らしています。

デザインしないことがデザイン

「改装しました！」との連絡をもらい内覧会に伺いました。

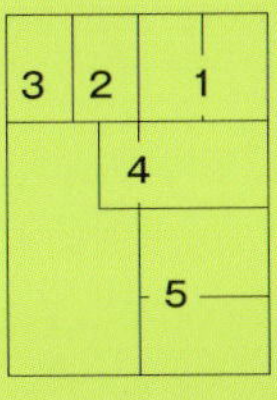

1. 格子や、気配を示すスリット、間取り……など、建築家のデザインを思わせるディテールが部屋のあちらこちらに。時のボリュームを漂わせています
2. 階段は、古い廃材を用いることで、時間でしかつくり出せない素材の温もりを含み、場と同調しています
3. 時代の知恵でつくられた最新の素材、使い勝手やメンテナンス性を考慮した機器を導入
4. 既製のものでもそれらは、1970年代当時の既製品。そのどこか懐かしいディテールも、愛着の一要素になって
5. 「間取りやデザインでスタイルを固定させない、住まい方でどのようにでも変化できる空間が、住人のスタート地点になる」とは建築家の弁

まだ、インテリアという言葉があまり知られていなかった頃でもある東京オリンピックの年、1964年に誕生したインテリア誌『DREAM』は、当時から今日まで変わることなく、「美しく心豊かに住まうために」を編集テーマに、日本のインテリアを見つめています。
どりーむ編集局　http://www.interior-dream.com

築40年近くたつ、東京・五反田の古いマンションでしたが、建物のエントランスは広く、1970年代の集合住宅の1階によく見られたように来客用のソファやテーブルなどを管理人室の前のスペースにあつらえるなど、当時の建物の風格の余韻も感じました。廊下や照明などは、時代を思わせる旧《ふる》びもありましたが、外装や日々の掃除など、マンションの所有者サイドによるメンテナンスがきちんと施されており、それは建物の家格を保つ一策とも思いました。

改修がされたその室内は、建物の経過年数を一番に考え、壁面は、調湿性や消臭を重視。有害物質を吸着・分解するという、環境にも身体にも害がない塗料を使用。また、床材は、足もとからの風合いを考え、カバザクラの無垢のフローリングを敷き詰めたそうです。無駄を省き、毎日を気持ちよく過ごすために、必要最低限の水まわりは、きちんと最新機種を入れ仕上げています（写真3）。窓の桟や鍵、ドアノブなど、70年代を思わせるどこか記憶にあるフォルムはそのままに、新たに時をつないでいます。そこには、新築では出すことのできない奥行き感が含まれています（写真4）。

また、マンション最上階の室内半分もの広さがあるルーフバルコニーの先には、隣接する学校の緑が視界いっぱいに広がり、都会の喧噪は階下にして、残り少なくなった東京の緑を借景にした都心の庭を思わせます。建物も内装も、そして、窓から望む景色もすべて含めての居場所という観をイメージさせます。

この十数年、名ばかりの「デザイン」という言葉があふれつづけ、すでにエンドユーザーは、表層のデザインだけにはごまかされない目をもって、日々、気持ちよく生活をするためのセレクトをしています。「デザインをしないことがデザイン」と語る、この一室のリフォームを手がけた建築家のマインドが印象的でした。必要以上のデザインで内装された空間を見て暮らすことよりも住人の生活スタイルが反映されてこそ、という昨今の入居者の目線に沿った賃貸住宅系のリフォームがなされた空間からは、脱デザイン時代を予感させます。（写真5）

セレクトの目をもって団地再生への意識を

古着と今どきのファッションとを合わせ着こなし、中古家具なども最新のデジタル家電と一緒に普段使いに…。古いものがもつ魅力に気がついた人たちは、中古であることにマイナスのイメージをもたず、含んだ時も楽しむ感覚で自分空間にアレンジし、生活に取り入れています。かつて、母が使っていたとか、祖父の家で見た、そういえば、屋根裏に…など、遠い記憶のなかのモノたちを今の感覚にして取り入れ、上手に再生させる人が増えています。新しいものだけがよいものというわけではなく、「好きだから」という感覚でこなし、時でしか成し得ない、古さの魅力を引き出しています。

インテリアは人。建物が新しくとも古くとも、その中身は人自身です。記憶や経験など、人それぞれのうちなるものがインテリアとなって表出しています。同じ間取りのマンションや団地に住んでいても、個々の部屋において、どれひとつ同じインテリアはなく、異なる住まい方であることからも想像ができるかと思います。

「新」、「旧」との意味で捉えるのではなく、人それぞれがセンスとセレクトの目を持って住むことで、建物とその空間に放たれたモノたちは、その住人を中心にコラボレーションして静かに溶け込んでいきます。時を経た素材の温もりを改めて知り、今を捉えた目で新たに生まれ変わる空間には、ともに共存する気持ちのいい空気が流れていきます。

そのためには、日々の掃除や時代の機能的な機器の導入などメンテナンスであったり、愛着があるモノとの対話であったり…と、住まい方で、毎日を新鮮に気持ちよく暮らすことも可能です。

こうした意識は、団地再生においても同じように、住人の意識ひとつで、再生のヒントとなるとも感じます。「古いものはちょっと…」と、規制をつくっているのは、案外自分たちの頭の中かもしれません。

※写真は、インテリア誌『ＤＲＥＡＭ』№.４６２・４６３からの抜粋

「ランドスケープ・リニューアル」のススメ

資産価値を保つ豊かな屋外空間をどうつくるか

建築をはじめ、あらゆる構造物に経年劣化はつきものだが、それは団地の屋外空間にもあてはまる。傷んだ舗装や外構、植栽などに手を入れることは、資産価値を保ち、住民の共有意識を高めることにつながる。

株式会社市浦ハウジング&プランニング 取締役 東京事務所副所長
奥茂謙仁

おくも・けんじ
1984年東京理科大学理工学研究科修了。同年、市浦都市開発建築コンサルタンツ入社。多数の団地計画、共同住宅設計業務に従事。2008年より現職。団地再生支援協会運営委員

「ランドスケープ・リニューアル」とは…

いわゆる〈団地〉と呼ばれる住宅地の屋外空間は、年月を経るうちに樹木が大きく育つことで、緑の多い豊かな居住環境を形成します。

こうした緑地環境は住まいの居住性を高め、また野鳥や小動物などのすみかともなり、地域の生態系にとっても貴重な緑資源を形成しています（写真1）。

一方、団地の屋外空間は、数十年を経るうちに舗装の傷みや剥がれ、不陸《ふりく》（凹凸）や汚れが目立ちはじめ、雨水が速やかに排水されないなど、老朽化に伴うさまざまなトラブルも発生してきます。

また、当初は予想し得なかった、駐車場や駐輪場の不足、ゴミ置き場の不足が発生したり、道路や歩道、屋外階段などの段差が、お年寄りや障害のある方の歩行の支障になることも多くあります。

こうした経年劣化に伴う老朽化、機能的な不足などを解消するため、団地の屋外空間の舗装や外構、植栽などの改善や大規模な改修工事を行うことを、ここでは「ランドスケープ・リニューアル」と呼んでいます。

リニューアルのメリットとデメリット

リニューアルのメリットとしては、屋外空間の「安全性や利用性の向上」、「見栄えの向上」、「バリアフリー化」、「施設の充足や利便性の向上」などが挙げられます。また、副次的効果としては「資産価値の向上や担保」が考えられます。

一方、それらを実現するためには、各戸の費用負担が発生します。一般的に中層住宅（5階建て以下）よりも、高層住宅（6階建て以上）の方が、一戸当たりの屋外面積が少なく、各戸で負担するコストは低くなります。また、屋外の改修工事は、外壁の塗り替えや屋根の補修…といった建物の大規模な修繕より、一般的にはずっと低いコストで行うことができます。

この実施にあたっては、いわゆる大規模修繕や改善の一環として、団地の管理組合での議決が必要となります。建物の大規模修繕や改善などは、必ずしも入居者間の利害が一致せず、一般的に管理組合での合意形成に苦労する場合が多いようですが、「ランドスケープ・リニューアル」の場合、バリアフリー化や見た目の向上など居住者間の利害が一致しやすく、また出費も小さいことから、比較的合意形成が得られやすい…という特徴があります。

具体の団地での実施例
——屋外舗装のリニューアルを行った例

ここで、実際に「ランドスケープ・リニューアル」として屋外舗装のリニューアル工事を行った実例をご紹介します。

■N団地の概要

大都市郊外の分譲団地であるN団地は、敷地約5ha、高層住宅から成る700戸を超える大規模団地です。築25年が経過して屋外空間の老朽化が目立ってきたため、主に歩行者路や車路の舗装の改修、バリアフリー化の改修などが行われました。

■屋外空間の現況

緑が大きく育った屋外空間は、豊かで潤いある居住環境が形成されている一方で、車道のアスファルト舗装にひび割れや不陸が発生し、注意喚起のペイントが剥げ、舗装の補修跡なども目立っていました（写真2）。

歩道では、従前の平板舗装（玉砂利平板）にコケが生え、雨天時に非常に滑りやすい状況となっており（写真3）、樹木の成長による不陸や、平板の目違いなどが発生し、歩きにくく見栄えの悪い状況となっていました（写真4）。また、歩車道間の段差が大きいところ、急勾配の階段やスロープがあるなど、バリアフリーの面でも大きな問題がありました（写真５）。

現況調査と課題の抽出

まず屋外空間のどこが傷んでいるか、どんな問題点があるかについて、管理組合の方々が中心となり現況調査を行うとともに、居住者アンケートを実施し、もれなく現状と課題を整理しました。その際、組合で保管していた図面を、現状の屋外整備状況に合わせて修正し、総合的に現況を反映したベース図を作成しました。

基本方針の整理と基本設計

現況調査で把握した問題点をベース図上にすべて書き込み、エリアごとの整備課題を明らかにするとともに、整備条件やコンセプト、基本方針などを検討・整理し、それらを総合化して基本設計として取りまとめました。

実施設計と総会での議決

基本設計の結果を管理組合で中間報告し、改めて居住者の意見を聴取したうえで、専門のコンサルタントが実施設計して工事予算を算出し、総会での議決を経て、工事に向かいました。

環境に優しい設計

管理組合の方々の意見から、特に「環境に優しいこと」を大切に考え、廃棄物抑制のために従来の舗石のおおむね50％を再利用し、新しい舗石と取り混ぜて使用しました。アスファルト舗装もすべて剥がさず一部をかき取るにとどめ、上増し舗装（オーバーレイ）を行いました。

工事発注から工事の状況

詳細に工事予算を算出し、管理組合から複数社に工事発注を打診。選定のためのヒアリングを行い、施工実績や信頼度なども考慮して指名業者を決め、競争入札により施工業者を決定しました。

入居者が生活しながら工事を行うために、歩行空間などの生活空間を確保しながら順次工事を行ったため、工事期間は約半年を要しました。

また設計時点では把握しきれなかった個別の状況も明らかになり、雨水の排水勾配の確保など、施工上の問題点も発生しましたが、管理組合と施工業者、工事監理者の三者で随

	1
3	2
5	4
7	6
9	8

1. 豊かな緑に囲まれた団地の屋外空間
2. アスファルト舗装のひび割れや不陸(凹凸)
3. コケが生えて滑りやすい歩道の平板舗装
4. 樹木の成長による不陸や舗石の目違い
5. 急勾配のスロープと急な階段
6. 屋外空間の見栄えの向上
7. 新たな階段とスロープの設置
8. 歩車道間の段差の解消
9. カーブミラーの設置による見通しの向上

時対策を検討しながら工事を進めました。

■リニューアル実施の効果

工事を実施した効果としては、明らかに「屋外空間の見栄えが向上」し（写真6）、段差につまづいたり滑ったりなどがなくなる「バリアフリーが達成」され（写真7、8）、見通しが悪かった交差点へのカーブミラーの設置により「見通しが確保」されたこと（写真9）などが挙げられます。

さらに副次的な効果として、売りに出されていた中古住宅の販売価格が、工事の前後で約100万円上昇した例が見られました。一戸当たり約10万円の投資ですから、投資の効果は高かったといえます（ただし恒常的な効果ではないと考えられるため留意が必要です）。

■リニューアルが成功した要因

この団地では、「豊かに長く住みつづけること」を目的に、以前からしっかりとした長期修繕計画がつくられており、今回の工事もその一環として行われました。ですから住民の方々の理解を得る下地ができていたこと。また理事会の下部組織として建設委員会が組織されており、主導的に計画・設計や工事発注などの推進役を務めたことも、非常に大きな要因でした。

「ランドスケープ・リニューアル」で地固めを

団地では、建物だけでなく屋外の環境も、すべての管理組合員が共有する大切な財産です。これらに長期にわたり手を加え、有効に維持管理しつづけることが、資産価値を守るうえでも非常に重要となります。

一方、大きな出費を伴う建物の大規模修繕や改善工事、建て替えなどを可能とするためには、入居者間で相反する利害も調整しつつ、合意形成を図ることが大きなハードルとなります。将来起こり得る修繕、改善を的確に予測して「長期修繕計画」を立案し、「修繕積立金」により必要な資金を手当てしておくことが重要です。

加えて、日ごろから共有の資産として建物や屋外空間の状態を注視し、まずは少ない投資で改善効果が確認しやすい「ランドスケープ・リニューアル」を行うことで、リニューアルの効果を実感し、共有意識を積み重ねておくことが、良好な居住環境を維持し、将来の大規模改修などをスムーズに進めるためにも、大切なことだろうと考えています。

団地の元気は「浴場」から

お風呂から考える団地再生

かつて家にお風呂があるのは特別なことだった。日本で内風呂が普及したのは、団地が大量供給されてからだ。ここでは、浴室と改修方法の変遷をたどりつつ、「団地内に共同浴場を」という新鮮な提案を見ていこう。

有限会社タナカ建築設備 代表取締役 田中 孝

たなか・たかし
1965年工学院大学建築学科設備工学コース卒、斎久工業株式会社入社。2002年9月、有限会社タナカ建築設備設立。設備設計・施工・設備耐震等のコンサル業務に従事

日本文化と風呂

都会において内風呂が普及していない時代、庶民は銭湯で一日の汗や体の汚れを落とし、疲れを癒やし、コミュニケーションを図ることが大きな楽しみとされていました。

終戦後の目覚ましい復興期を経て、わが国の経済は、1964（昭和39）年開催の東京オリンピックを契機に、目覚ましい発展を遂げました。都会に住む人々の生活様式も大きく変化し、1963（昭和38）年の住宅統計調査によれば、全国の内風呂の普及率は、約6割にまで達しました。銭湯に行かずに、自宅で入浴ができるようになったことは、人々の生活に大きな変化をもたらしました。

当時、内風呂の普及に貢献したのが、浴室のある公団住宅の大量供給でした。40年以上経過した現在では、浴室も当初の目的よりもさらなる快適性が求められるようになってきています。

浴室の変遷

浴室の変遷は浴槽の変遷でもあり、浴槽における素材と製造技術開発の歴史であるともいえます。浴槽の素材別の技術の発展過程を見ると、1958（昭和33）年にポリプロピレ

ン樹脂製の浴槽が出回り、1961（昭和36）年にはFRP（繊維強化プラスチック）製と鋼板製ホーローの浴槽が登場し、1962（昭和37）年には鋳物製ホーロー、1969（昭和44）年にはステンレス製が製品化され、素材的にすべてのものが出そろいました。

日本住宅公団（現UR都市機構）は、1964年に従来使用していた木製浴槽では生産が追いつかないことから、木製浴槽に替えて、工業化された1人用の鋼板製および鋳物製のホーロー浴槽を、1965（昭和40）年に公団の採用部品としました。

ここに、団地における浴槽がどの年代にどのように変わってきたかを知るために、『ING REPORT』（UR都市機構 第四版平成23年3月発行）の「浴槽の移り変わり」の年表を図1に示します。

浴室のユニット化

浴室ユニットとは、ユニットバスルームやシステムバスルームとも呼ばれ、部材・部品を工場で生産・加工し、現場では組み立てるだけで完成する、プレハブ化された浴室です。

浴室ユニットの目覚ましい発展のきっかけは、前述の東京オリンピック開催を控えた1963（昭和38）年、ホテルニューオータニの建設工事です。工期短縮工法（1044室の組み立てを3・5か月）として、世界初の本格的浴室ユニットが納入され、完全防水、軽量など画期的特徴を示していました。

ホテル用浴室ユニットの誕生から5年後の1968年に、集合住宅用浴室ユニットが発売され、普及に伴い、量産化の時代に移ってきました。浴室ユニットの特徴は、「防水工事が不要」、「施工性のよさ」、「工期が短縮できる」、「工場生産が行われることで、量産化による製品の均一化が図れる」という点です。また、コストの低減にもつながり、経済的な面で大きな助けになります。

団地浴室の改修

問題点の検討

団地における浴室は、専有部に属し、所有者の責任範囲で改修することが基本になっています。しかし、昭和50年代初め頃までは、専有部の配管であっても下の階の所有者の天井内に配管されていることが多く見られます。したがって、漏水が発生した際、下の階の方が留守にしていると大きな水損事故につながり、修理するにも下の階の方の了解と立ち会い

今や貴重な存在となった銭湯（撮影：藤牧徹也氏）

が必要になります。このような事故を防ぐために、現在は、コンクリートスラブ上に配管することが常識になっています。

下の階の天井内に配管されている場合の最高裁の裁判事例では、「この配管は、共用部のものである」とあり、管理組合で対応する必要が生じます。

また、浴室の床仕上げの下には、アスファルト防水が施され、耐用年数は20〜30年といわれ、排水配管の耐用年数は、15〜30年といわれています。したがって、アスファルト防水と排水配管の更新する時期を迎えるところも出てくると思いますが、ここでも、住民の合意形成を図るため、管理組合が関与する必要が生じてきます。

■改修方法

①在来工法による検討

排水配管を床上に更新できるか、現状のままで配管だけを更新しなければならないのか検討することが大切です。床上配管に更新するときに注意することは、配管を隠すために床仕上げが上がり、天井の高さが低くなりますので、圧迫感がない程度で収まるのか検討することが重要です。某マンションの床下配管を床上配管に更新した例を図2に示します。

図2の写真①は、下の階の天井配管を示します。この配管を床上配管にするため、写真②に示すように汚水排水立管を立て排便管を取り出します。また、写真③に示すように雑排水配管は、洗面所に露出で立ち上げて床上で排水配管を横引きし、床を少し上げて仕上げます。

②ユニット化工法による検討

在来工法からユニット化を図る場合、既存の浴槽のなかにFRP製の素材を用いて床・壁・天井の6面を組み立てますので、既存のアスファルト防水層の耐用年数を気にする必要がなくなります。

この場合は純然たる専有部の改修工事となりますが、団地全体の問題と捉えて、アメニティーを向上させ、団地の付加価値を高めるということで、管理組合が音頭を取り、専門家、専門業者、メーカーを交えて、団地に適した工法を見いだし標準工事要領書を作成して、品質と工程をしっかりと管理できるようにすることが大切です。また、若い人たちは、浴槽を必要とせずシャワーで十分という方もいます。このあたりのニーズにもこたえていくとよいと思います。前述しましたが、メーカーの協力を得ることが不可欠になります。

さて、ここまで改修すると、費用がかさみ個人負担が大きくなります。計画倒れにならないように、管理組合が費用の一部を支援することなどが行えるようになると、よいと思います。

団地内に癒やしの広場（共同浴場）の提案

現在、団地も高齢化が進んでいます。そこで、高齢者と若者がコミュニケーションを図り、お互いを知り合う場として、団地内の1階の一角に管理組合が運営する「昔ながらの公衆浴場」のような施設を設置してはどうかと思い、提案します。

内風呂もよいですが、たまには広々とした風呂につかりたいと思うのは、日本人の持ち合わせる「DNA」でしょうか？　このような要求を満たすためにも「共同浴場」は魅力があります。

特に、高齢者は、内風呂の清掃にも一苦労し、一人で浴槽に湯をためて入浴することは、不経済であり、安全上の問題もあります。このあたりも考慮して団地内に「共同浴場」をつくり、老若男女が集うことで、団地の元気は「浴場」からといった、団地再生手法への挑戦もどこかでしてみたいと思っています。

図1：浴槽の移り変わり

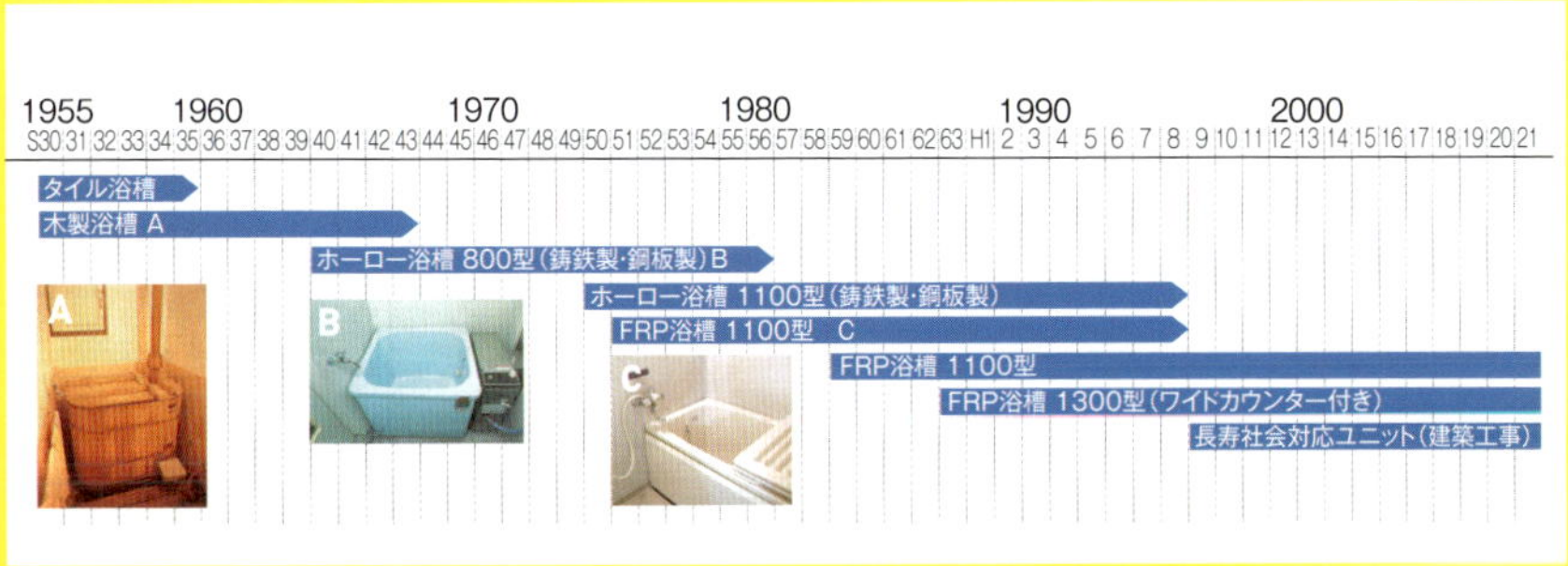

『'ING REPORT』（UR都市機構 第四版 平成23年3月発行）より

図2：床下配管を床上配管へ更新した事例

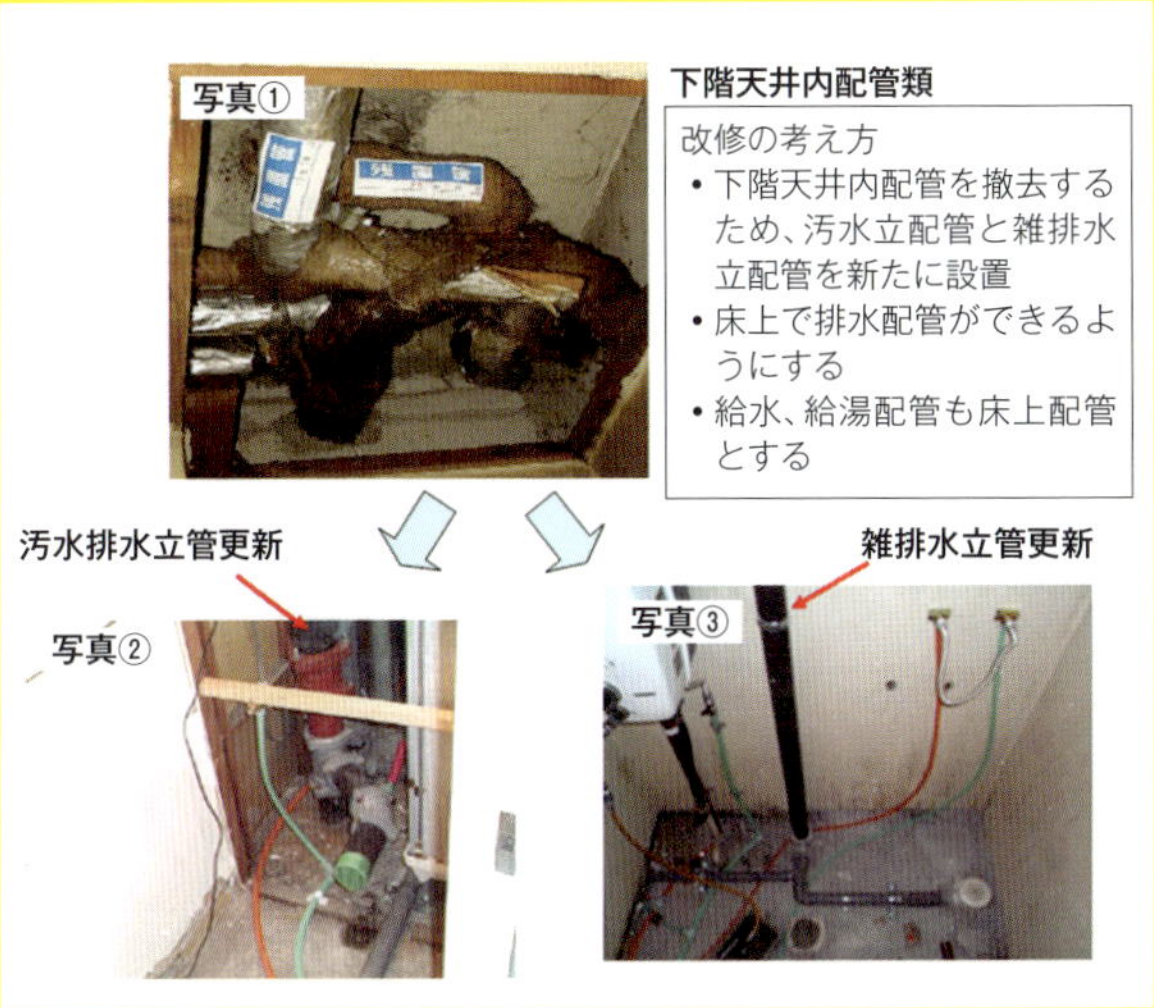

ユニット工法の例

『TOTO設計施工資料集』より

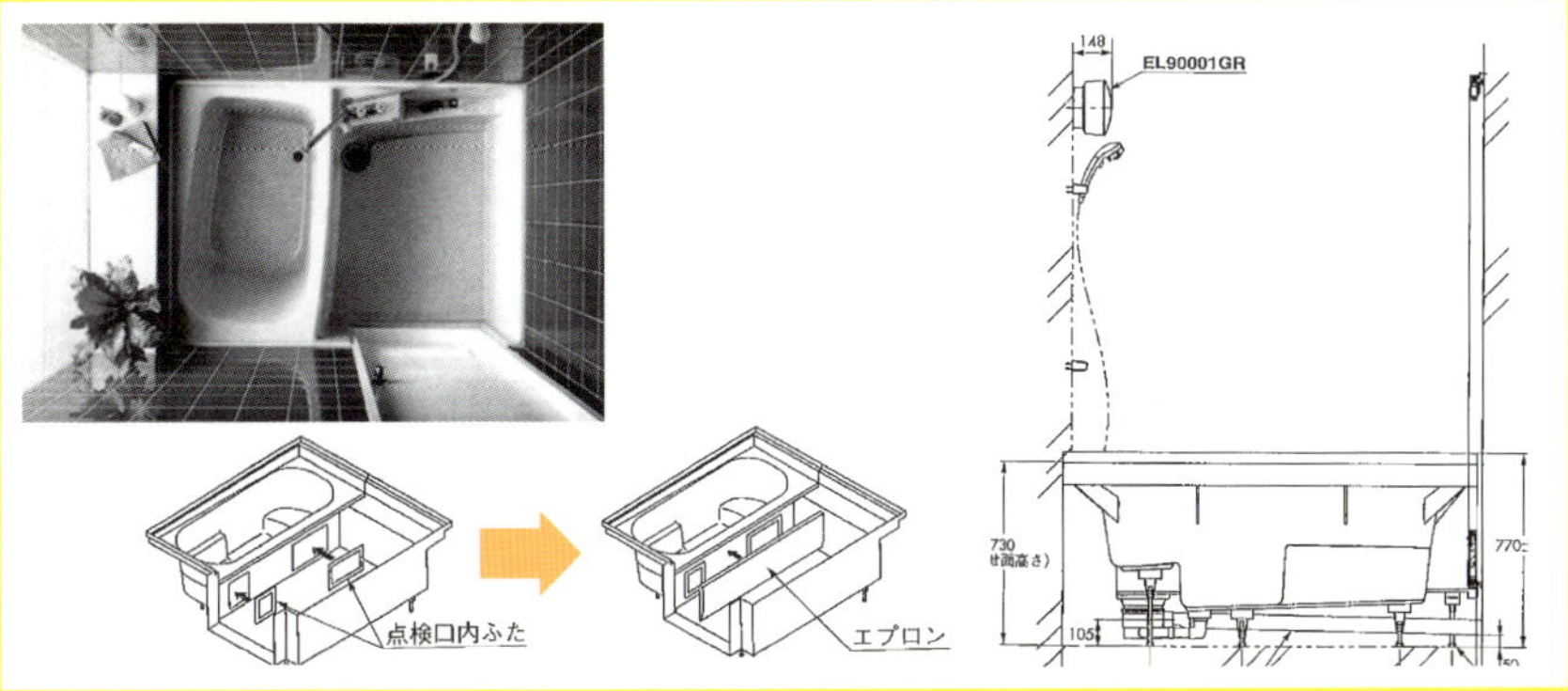

旧社会主義国が生んだ団地再生の象徴

ライネフェルデ市「日本庭園」取材に込めた思い

団地住宅の再生はスクラップ・アンド・ビルドだろう——。
そう思っていた筆者は、ある国際会議で考えを改めたという。
以前住んでいた団地の「喪失体験」をもとに
生活の歴史を断つことなく、住みよい団地再生を望んでいる。

元 朝日新聞記者 **政井孝道**

まさい・たかみち
１９４１年大阪生まれ。一橋大学経済学部卒。２００１年夏まで朝日新聞記者（社会部、論説委員、編集委員など）。２００４年まで紀伊民報（本社・和歌山県田辺市）編集局長。地方自治、都市計画、景観問題に関心

新聞記者として最後の記事

朝日新聞記者を定年退職してもう10年になりますが、定年2日前に書いた最後の記事はやはり忘れられません。それが、自分の専門とも思えない、団地再生にからむ話なのです。写真1がそれです。この『団地再生を考える』のコーナーで、しばしば登場するドイツ中部の小都市・ライネフェルデ市（チューリンゲン州）の団地で「日本庭園」を建設するという話です。

内輪の話ですが、記者は転勤が多いので40年弱の勤務中、住宅確保はずっと難儀な話でした。若いころは特にひどく、2週間ほど前の内示で、急いで引っ越し先を探さなければならないことが多く、とにかく住めればいいという人生でした。地域や環境がどうの、という余裕などありません。そんな記者が外国の団地に日本庭園ができる、というまさに遠い話に、どんな思いを抱いて書いたのでしょう。

東ドイツが社会主義から資本主義へと大変動し、工場のため急ごしらえの団地に住んでいた多くの労働者が西ドイツに去っていく。まさに根本的な団地再生をしないとまち自体が崩壊してしまう。そのときに計画されたこの日本庭園は、追い詰められた市長が、退路を断って挑戦しつづけたさまざま

完成した日本庭園(『ライネフェルデの奇跡』から)

な「団地再生」の象徴ではなかったか、と今は思います。

私はそのときの記事で、「団地再生は住宅棟や室内の改善にとどまらず、まちづくりそのもの。季節感と解放感のある日本庭園は新しいまちづくりの拠点にふさわしい」という澤田誠二さんの談話を載せています。澤田さんは「団地再生研究会」の発起人で、当時は滋賀県立大学教授でした。別のページには解説記事もつけ、「団地再生には景観を含めたまちづくりの視点が重要」という私の思いも付け足しております。

当時、「オープン・ビルディング」という考えが日本にも入っていて、それは、①コストのかかる建て替えではなく、修理・活用を中心に団地を再生させる、②独自の手法を活かし、住宅産業の参加を図る、③国家の統制を排除し、住民と自治体による自主的なまちづくりを目指す、という考え方でした。私もその影響を受けて、「第二次大戦後、公団や公営の大規模団地の量産で住宅難を乗りきったわが国も早晩、老朽団地の再生について、コスト低減や資源活用、環境・コミュニティ重視の面から本格的な見直しが迫られよう」という解説記事をつけています。

認識が変わったベルリンの国際会議

実は、それより前の1990年代、京都で高層民間マンションが乱立し、高さは東寺の高さまでという市民の暗黙の了解が次々に破られていく事態に、私は大変な危機感を抱いていました。いまや京都の醜い「厚い壁」になっているJR京都駅建設に疑問をはさみつづけ、まちづくりと景観に強い関心を寄せていました。そのなかで、京都大学名誉教授だった西山夘三さんと知り合い、彼が考案した「食寝分離」などを契機に、団地の住宅や周辺の環境などについて考えるようになっていました。しかし、日本の手狭な団地住宅は、全面的なつくり替え、いわゆるスクラップ・アンド・ビルドしかないのかな、と思っていました。

それが変化したのは2000年夏、ベルリン日独センターで開かれた「中・東欧の大規模団地再生」国際会議に参加してからです。

ロシアなど旧社会主義国には老朽化した膨大なパネル工法集合住宅があり、1億7000万人が住む7000万戸が早急な修理を必要としていました。ベルリンなど旧東ドイツのいくつかの団地見学で、鉄骨柱などスケルトン部分を維持しながら大がかりな室内改造をすれば、取り壊さないでかなり豊かな住環境に改善できるという事実を知りました。それらが、住民との共同作業で続けられている様子も見て、このような自主的な手法を通して、世界中がやがてこの大きな波と向かい合うことになるのではないか、ひょっとして日本でも通用する考え方ではないか、との思いを強くしたのです。

その旅では、オランダからライン川を下り、人々がダムではなくて氾濫原のような自然の治癒力を探し求めている姿も見ました。また、衰退した北ドイツの大工業地帯、ルール地方では残された膨大な工業遺産などをてこに新しい環境づくりを進める「IBAエムシャーパーク」なども見て回りました。「これはヨーロッパ再生の壮大な試みだな」と気づきました。団地再生もその1つとして、私にインプットされたのです。

ベルリンの国際会議で、ライネフェルデ市のラインハルト市長はそのとき、率直にこう報告していました。「10年前に市長になり、6年前から住民主導の団地修復に乗り出したが、悩みは住民のお上頼り。ひどい環境だといいながら、一緒にやろうといってもなかなか動かなかった」。

①メゾネットタイプへの改造など室内は個人の好みを尊重する、②断熱材の取り壊しやベランダの増築、空き家の取り壊しなど団地全体の改造は住民の話し合いを重視した、ことなども、彼は具体的に説明し、会議参加者の興味を引きつけていました。

その後、来日して日本各地を回った市長は、講演や私との

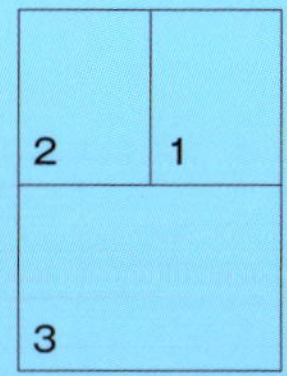

2001.7.5 夕刊一面.朝日

1　4版

日本庭園、団地いやす

老朽化を再生　日本から支援

独のまちづくりで注目

老朽化した大規模団地の再生で世界的に注目されるドイツ中部の小都市ライネフェルデ市で、この夏、団地の中庭に日本庭園を造る工事が始まる。日本万国博覧会記念協会（大阪府吹田市）が事業費の半額を支援。団地再生を研究する日本人グループも設計や情報集めで協力した。ライネフェルデ市側は「静かで開放的な日本庭園を新しいコミュニティーづくりの場にしたい」と、住民による庭園管理を目指す。

（12面に解説）

ライネフェルデ市は旧東独時代に繊維コンビナートがつくられ、人口が5倍近い1万4千人に膨れ上がった。人口急増に対応するため、画一的な大型パネルによる大規模団地が建築された。社会主義モデルと注目されたが、老朽化が激しく、東西ドイツ統一後は2割もの住民が流出した。

同市のラインハルト市長(55)は94年から市主導で住居棟の撤去や低層への改築、室内の修復（リフォーム）を次々に実現。最近では企業進出や住民のUターンも見られるが、空き地の活用など団地全体の活性化が課題になっていた。

同市長は市民が最も集まる団地集会所前の空地（約6600平方㍍）に日本庭園を計画。日本の建築家や研究者による「団地再生研究会」（本部・東京）のあっせんで、日本万博協会からの1300万円の補助金も6月下旬に決定した。

庭園を設計した在独の建築家、河村和久・マインツ工科大学教授(51)によると、クロマツやカエデ、イチイなど現地の木を使って予定地の3分の1近くをあずま屋や小川のある純日本庭園にする。残りは芝生を生かしながら玉砂利や石、小径

㊤日本庭園が造られるライネフェルデ市の団地の中庭（中央）。住居棟が撤去されて空き地になっている／写真提供・団地再生研究会　渋谷昭氏　㊦日本庭園の完成予想図／提供・河村和久氏

1. ライネフェルデ市の団地での日本庭園建設の計画を伝える記事（2001年7月5日付、朝日新聞［大阪本社発行分］夕刊1面）
2. ライネフェルデ市のラインハルト市長（ベルリンの国際会議にて。2000年夏撮影）
3. 最近のライネフェルデ団地の全景。中央左に住宅群に囲まれた日本庭園が見える（『ライネフェルデの奇跡』から）

インタビューなどで、「住民の自立と結束を促すうえで、庭や公園の緑化が効果的だった」と力説するようになりました。ドイツほど緑の多くない日本の団地を知ったからだと思います。

あだ花にしたくない思い

最近、『ライネフェルデの奇跡―まちと団地はいかによみがえったか』（W・キールら著、澤田誠二・河村和久訳、水曜社刊。2009年9月発行）を知りました。団地再生の世界的な先駆とされるライネフェルデ、と評判ですが、そこに住む人々や関係機関の方々はきわめて率直な声を発しています。

「このまちは決して至福に満ちた者の島ではない。市が住宅や周辺環境の改善に成功しただけで、ほかのどこでも起こっていることが起こっているだけだ」（前牧師）

「昔のような共用スペースがなくなってしまった。すべてが個人の住宅で対処するようになってしまった。家賃さえ払えばその場所は払った者だけが使える具合だ」（住宅組合代表）

「改造で家も人も雰囲気も全部変わったが、それでもここに引っ越してくるのは勧められない。私たち若い人間には、

ここに未来がないのがわかるから」（87年生まれの住民）

「住宅地全体が目に見えて変化した。田園都市、ニュータウン、新開発住宅地といわれた部分が普通のまち、つまり都市の一部になった」（都市計画課）

「墜落状態だったが、いまやっと水平以降に移行できそうだ」（市建設部長）

住民の息遣いがよくわかりますが、この本には「日本庭園を訪ねて想う」という、ベルリンのフリージャーナリストによる探訪ルポが掲載されていて、大いに新鮮な気持ちで読みました。

日本庭園の設計者は本書の第2章にも登場されている在独の建築家、河村和久氏です。この設計図のようなものをカラーでつけたくて電送を依頼しましたが、10年前はまだ、外国からの写真コンピュータ電送をひっぱりだす技術が十分でなく、大変苦労してドイツからやっと受信したときの喜びは忘れられません。

このルポには、ズバリ、「6階建ての建物に囲まれたこの庭園は、ライネフェルデの誇る宝物なのだ」と書かれています。

①2006年度の連邦政府などのコンクールで1200件のなかから表彰された、②1970年の大阪万博の利益か

ら資金援助された、③パネル工法の団地の建物を解体した資材が公園の下地に使われ、楓や桜の木の下で個人的な住まいの記憶が社会主義国家の理想とともに眠っていること、なども書かれています。

驚いたのはこの庭園が植木の盗難にあったことから、元の計画にはなかった柵がつくられ、20セントがないと入れなくなったということです。12年間で住民の3分の1が減り、低収入世帯が40%を超え、失業率も地区によっては20%、という厳しい現実のなかではあり得ることでしょうが、団地再生の「宝物」を「あだ花」にしたくはない、という思いがこのような鋭い視点を書かせたのでしょうか。

ライネフェルデ「日本版」

数年前、私は妻が少女時代から結婚するまで家族と住んでいた大阪府郊外の公団住宅で、団地再生問題の難しさを見せつけられました。きれいな小山を背景にした風光明媚な住宅街は開発で環境も抜群、教育・文化都市のイメージを広げていました。結婚後、私たちも団地のなかにつくられた民間マンションに入り、近くの妻の実家と仲よく行き来し、多くの楽しい思い出ができました。それが、老朽化を理由に住宅群がすべてつぶされ、土地も民間に売却され、まったく違った個別住宅群が出現しました。

「古い団地も2軒で通路をつくって1世帯にすれば立派な住宅になるなあ」と見ていたのですが、そんな話はほとんど議論されることもなく、道路まですっかり変わってしまいました。おじいちゃんやおばあちゃんと孫の、そして昨年七回忌を終えた妻との若い頃の思い出も、もうたぐり寄せるのさえ困難です。

ゼネコン勤めの息子は「団地再生の考えもわからないでもないけれど、これだけ地震が多く、耐震設計が強化され、しかも土地と建築費用が高い日本では、全部つくり直した方が費用も安く、うまくいく、という意見が業界でも強い。会社ではなかなか話にならないようだよ」と言います。

しかし、時代はこの10年で大きく変わってきています。東日本大震災は都市計画や住宅政策を改めて考える絶好の機会かもしれません。何を、どう考え、行動すれば、環境や生活の歴史が活かされる住みよい団地の再生が可能なのでしょうか。

ライネフェルデのようなまちが、1つでも日本で生まれれば、何かが見えてくるような気がしますが、いかがでしょう。

第5章

サステナブルな暮らし方

これまでのハイエネルギー消費社会はもはや限界だ……東日本大震災のあと、そういう機運が高まっている。ならば、団地を再生する際にも、自然エネルギーの恩恵を取り入れ、環境にできるだけ負荷をかけないようにするべきではないか。「省エネ」と並ぶキーワードに「パッシブ（受動的）」がある。太陽や風といった自然のエネルギーを受け入れ、上手に利用する。団地はそもそもエネルギー効率のよい建造物といわれている。その利点を活かさない手はない。

環境に対して「開く」ことの大切さ

コミュニティ計画とエネルギー計画の近似性

人類は、建物のデザインで快適な居住空間をつくり出してきた。しかし、20世紀になってからは大量のエネルギーを消費する冷暖房設備に安易に依存してきた。今こそ、自然エネルギーを活かしたパッシブな建築にシフトすべきだ。

神戸芸術工科大学 教授 小玉祐一郎

こだま・ゆういちろう
神戸芸術工科大学教授。建築家・工学博士。建築や都市のパッシブデザイン、環境共生をテーマに研究・設計。『パッシブ建築設計手法事典』（彰国社）、『住まいの中の自然』（丸善）ほか著書多数。建築学会作品選奨、グッドデザイン賞、JIA環境建築賞など

ルシアン・クロールの再生プロセス

団地再生でまず思い出すのは、ベルギーの建築家、ルシアン・クロールのことだ。建築をつくるには、使う人々の参加が基本だという彼の主張は、多くの人の共感を得ているところだが、彼が示した団地再生のプロセスほど、その考えを示しているものはあるまい（図1）。第二次世界大戦後の住宅不足に対応すべく、プレコンの最新技術を駆使して大量につくられた住宅は、いかにも無味乾燥で兵舎のようでもあるが、それを減築をしながら改修し、居住者が参加し、親しみやすいヒューマンスケールの居住空間をつくっていく過程が、時間を追って示されている。持続可能な建築やまちであるためには、なんといっても住人が愛着をもって住むことが重要だ。そのようなコミュニティをどのように形成できるか、人と人の絆をどのようにつくるか、団地再生の第一の課題であろう。

持続可能で強じんな計画

２０１１年８月の建築学会大会では、大震災関連のシンポジウムが数多く開催された。私も参加した「大災害を克服し、未来の建築・都市へ」という記念シンポジウムでは、都市計画の佐藤滋さん、建築家の伊東豊雄さん、社会学者の広井良

典さん、哲学者の内山節さんなど、多彩なメンバーで活発な議論がされた。そこでも、人々の絆、連帯、コミュニティの再生が問われ、地域住民が主体の計画のプロセスや、コミュニティアーキテクトの役割が論じられた。

その一方で、エネルギーや資源循環に配慮した地域や建築のあり方が論じられた。無限のエネルギーと資源の供給を前提としてきた20世紀的発想のつけがまわったのが地球環境問題にほかならず、それに対応するために日本が迷い込んだのが原発依存という袋小路であった。もちろん都市や建築の分野も無縁ではない。私たちはそこからどのように抜け出し、持続可能でロバスト（強じん）な計画をつくることができるのか。団地再生においても例外ではなく、たとえば資源循環からみた青木茂さんの試みはよく知られている。以下では、エネルギー問題に焦点を絞って団地再生のプログラムを考えてみたい。

ローエネルギーの活かし方

持続可能な社会の構築という発想は、地球温暖化を契機として生まれた。地球環境負荷を炭酸ガス排出量という指標でみると、日本の全排出量の3割強が建築関連分野からである。そのなかでも、建築が竣工してからその運用時（暖冷房・空調、照明、給湯、エレベーターなどの用途）に由来するものが大部分で、しかも増大するばかりだ。これらの省エネルギーが喫緊の課題とされるゆえんである。

別の統計データで、住宅からの炭酸ガス排出量をみると、図2のようである。ここでは、自家用車分の割合が3割を超える。地方における交通の車依存の実情を考えれば、この数字にも納得がいく。これをどのように減らすか、カーシェアリングやEV（電気自動車）の活用が団地再生での課題にもなる。

また、照明・家電などもおよそ3割でこれも多い。エネルギー効率の高い機器を選び、ライフスタイルを変えることが重要だ。LED照明は格段に電力消費を減らす。自然採光の工夫はいうまでもない。給湯と暖冷房はほぼ同じ割合だ。これらの使用温度は常温に近く、それゆえ密度の薄いエネルギーでも対応可能な用途だ。日本では給湯への太陽熱利用が出遅れ、普及が望まれる。

パッシブデザインの効果

暖冷房の目的は、室内気候の調節であるが、この温度範囲も常温に近く、密度の薄い自然エネルギー（low energy ともいう）を活用しやすい分野だ。この分野に電力などの高品質・高密度のエネルギー（high energy ともいう）を用いるのは、『ソフト・エネルギー・パス』を書いたA．ロビンス流にいえば「バターを切るのに牛刀を用いる」類いの方法であるのだが、20世紀はこの種の方法が目覚ましい発達を遂げた時代であった。エネルギーの余剰に困った20世紀初頭のアメリカでは、冷房の発明が救世主と考えられたほどで、そこから、ハイエネルギー依存の暖冷房が急速に進む。その恩恵は絶大だが、のちの人々のエネルギー浪費・エネルギー中毒が急速に進むきっかけともなった。

考えてみれば、人類の長い歴史のなかで、室内気候の調節はもっぱら建物自体のデザインにかかっていた。そのことは世界各地の民家を見れば明らかであるのだが、ハイエネルギーによる暖冷房設備のあまりの便利さに人々が酔いしれたのが20世紀であったのだ。

1970年代の省エネ危機以後、建物性能の向上を図る方法は再び見直され、それをパッシブと呼び、設備に頼る方法はアクティブと呼ばれるようになる。機械に頼らないパッシブ建築はなんといっても丈夫で長持ちであることだ。さて、団地再生におけるパッシブデザインの効果はどれほどのものか。

日本ならではの四季を楽しむ

暖房エネルギーを減らすには、建物の断熱・気密化が基本だ。寒冷地スウェーデンでは、徹底した断熱と気密化、それに高度な換気システムの開発によって無暖房住宅が実現している。

緯度が高く真冬の太陽エネルギーに期待できないかの地に比べれば、日本は温暖で、かつ日射に恵まれている。それにもかかわらず、20世紀的エネルギー中毒の惰性で、暖房にハイエネルギーを使う。集合住宅では外壁面積も相対的に少ないから、RCの躯体に外断熱を施せば、無暖房への道は近い。大きな開口部が欲しい場合には、高性能の断熱ガラスを用いればよい。コンクリートの躯体も蓄熱体として働いて、室温を安定させる効果がある。

一方、日本では夏の暑さ対応のデザインも欠かせない。断熱化をしっかりしたうえで、高効率のエアコンを少しだけ使えばよいだろうと考えるのも間違いではないが、その前にすべきことがある。まず、日射の遮蔽を十分にする。そのうえで風を取り入れる工夫をする。通風、夜間換気、排熱の3つのモードに対応できる窓や間仕切りの工夫をし、使い分けることが肝要だ（図3）。原理は簡単だが、ディテールにはさまざまな工夫がいる。これだけでほとんどの地域で冷房は不要になる。そのような改修の実例もある。もちろん、何が何でも無暖房・無冷房がよいというわけではなく、適宜使い分ければよいのだが、できるだけ設備を使わない期間・時間を長くするように、まずはパッシブで考えることだ。

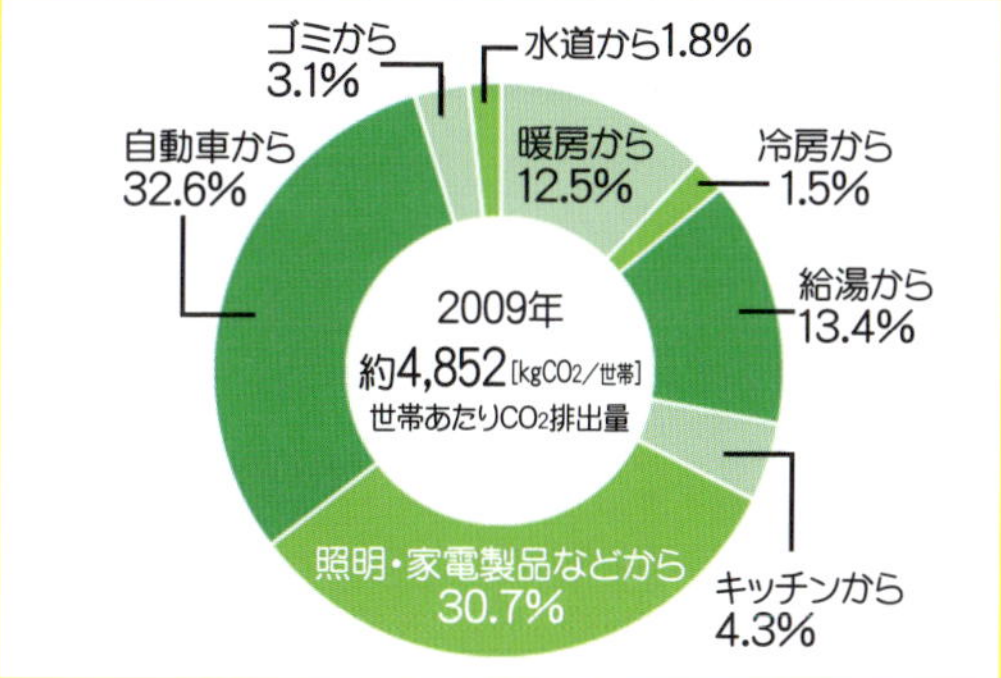

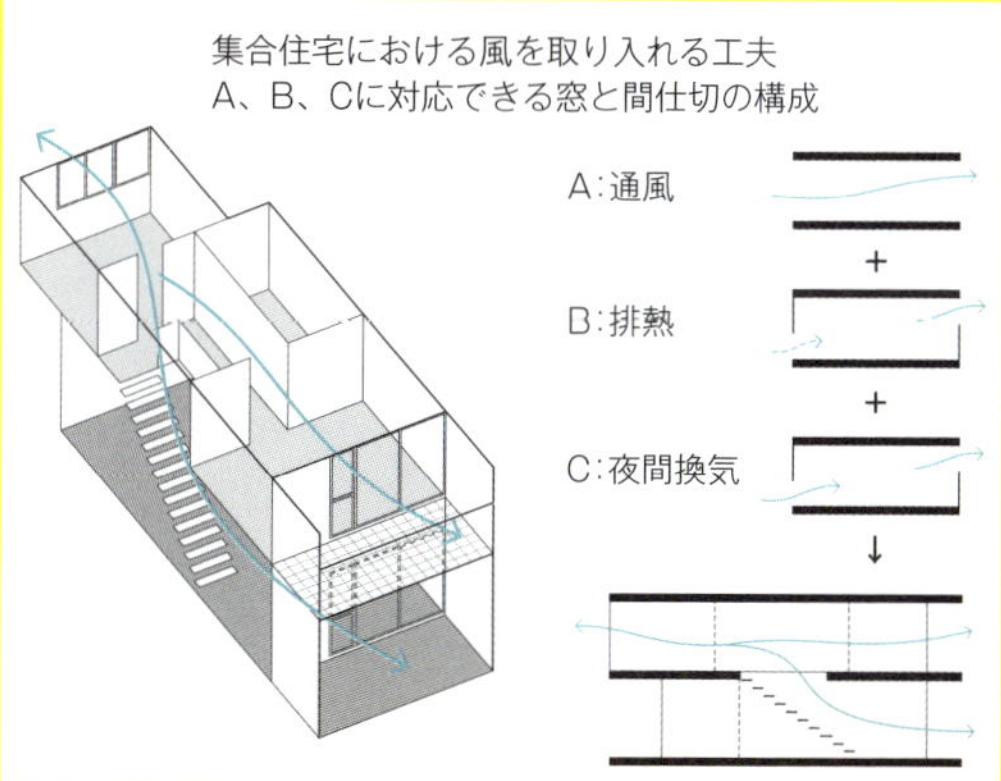

2	1
4	3
	5
	6

1～4. 図1 ルシアン・クロールの団地再生
1. はじめ
2. 再生１期
3. 再生２期
4. 完成
(提供:ルシアン・クロール)
5. 図2 住宅からの炭酸ガス排出量(用途別内訳)
6. 図3 風による３つのデザイン原則と構成(メゾネット住戸の例)

環境との共生とは

パッシブであれアクティブであれ、エネルギー消費量が等しく少ないのであれば、同じではないかという意見があろう。異なる点を挙げれば、その1つは「快適さの質」。自然の風や太陽輻射の心地よさは格別で、なまじっかの設備では到底及ばない。パッシブの極意は自然と交感する楽しみにあるといってもよい。内外の接点は重視され、ベランダは機械置場の汚名を返上し、アウトドアスペースとして本来の機能を取り戻すであろう。

もう1つの相違点は、パッシブでは室内と周辺環境との境界が緩やかであるということだ。外に対して、ときに閉じ、ときに開くように融通無碍である。もっとも、それが可能であるためには、外の環境が騒音や悪臭に満ちていては困る。住人は常に外の自然や環境保全に敏感でなければならない。アクティブに徹すれば、内外の境界は堅固でリジッドなものにならざるを得ない。外に対して関心を持たずに済むし、外から邪魔をされることもないが、自ら排出する熱や音からも守らなければならないというジレンマに悩まされる。

こうしてみると、環境に対して開くことの意味が次第にはっきりしてこよう。内外の関係は、個人と社会の関係、住戸とコミュニティの関係によく似ているではないか。

先のシンポジウムでは、人々の絆をつくるために、建築や住宅は外に開かれている必要があること、内外の境界はあいまいで緩やかであることの重要性が再認識された。それはパッシブな環境観とコインの表裏である。団地再生のデザイン手法としてコミュニティ計画と環境・エネルギー計画は重なるところが多い。

ローエネルギーをうまく取り入れること

まちづくりの分野では、エネルギーに関連して、地域のエネルギー供給のためのスマートグリッドや再生エネルギー創出のためのＰＶ（太陽電池）などの話題が賑やかである。それらが重要であるのは、貴重なハイエネルギーを生産し、また、効率よく使うためである。忘れてはならないのは、ハイエネルギーはハイエネルギーでしか使えない用途に使うのが原則であるということである。その用途は拡大する一方であり、それゆえ、ローエネルギーで賄えるところはローエネルギーで賄うべきなのだ。

建築の分野では、ローエネルギーで賄える部分が少なくなく、しかもその方が快適で、良好なコミュニティの形成にも役立つとあれば、団地再生においてもエコデザイン、パッシブデザインの役割は大きい。

マンション住まいはエコライフ

エネルギー効率に優れた構造を活かす

団地やマンションなどの集合住宅は、戸建てに比べて消費エネルギーが少なくて済む。また人口密度が高いため、カーシェアリングも導入しやすい。マンションにおける省エネの方法を考える。

株式会社住環境計画研究所 研究主幹
鶴崎敬大

つるさき・たかひろ
1973年東京都生まれ。1997年慶應義塾大学大学院 政策・メディア研究科修了。同年より住環境計画研究所にて、住宅やビルのエネルギー利用、省エネルギー、太陽エネルギー利用に関する調査・研究に従事している

京都の約束はどうなったのか

２０１０年という節目の１年が終わり、２０１１年を迎えた。筆者は仕事柄、２０１０年と聞けば地球温暖化防止に関する「京都議定書」を想起せずにいられない。京都議定書は１９９７年に京都で開催された「第３回気候変動枠組条約締約国会議（ＣＯＰ３）」という地球温暖化防止に関する国際会議で議決されたもので、日本を含む先進国は２０１０年を中心とする５年間において、二酸化炭素（ＣＯ２）などの温室効果ガス排出量を１９９０年比で一定水準に抑えること（日本は６％減）となっている。

ここまでの日本の成績は、というとなんとも皮肉な状況になっている。目標期間の始まった２００８年の前年、２００７年の排出量は１９９０年比でプラス９％となり、目標達成はとても無理と思われたが、２００８年秋の米国初金融危機に伴う景気後退で国内の産業活動が縮小したため２００８年は１９９０年比プラス２％、２００９年（速報値）は同マイナス４％となった。２００９年は原子力発電所の稼働率が上がったことも影響している。もちろん、景気が回復すれば、また増加に転じると考えられるが、予期せぬ形で削減量の貯金ができたわけである。

日本の温室効果ガス排出量

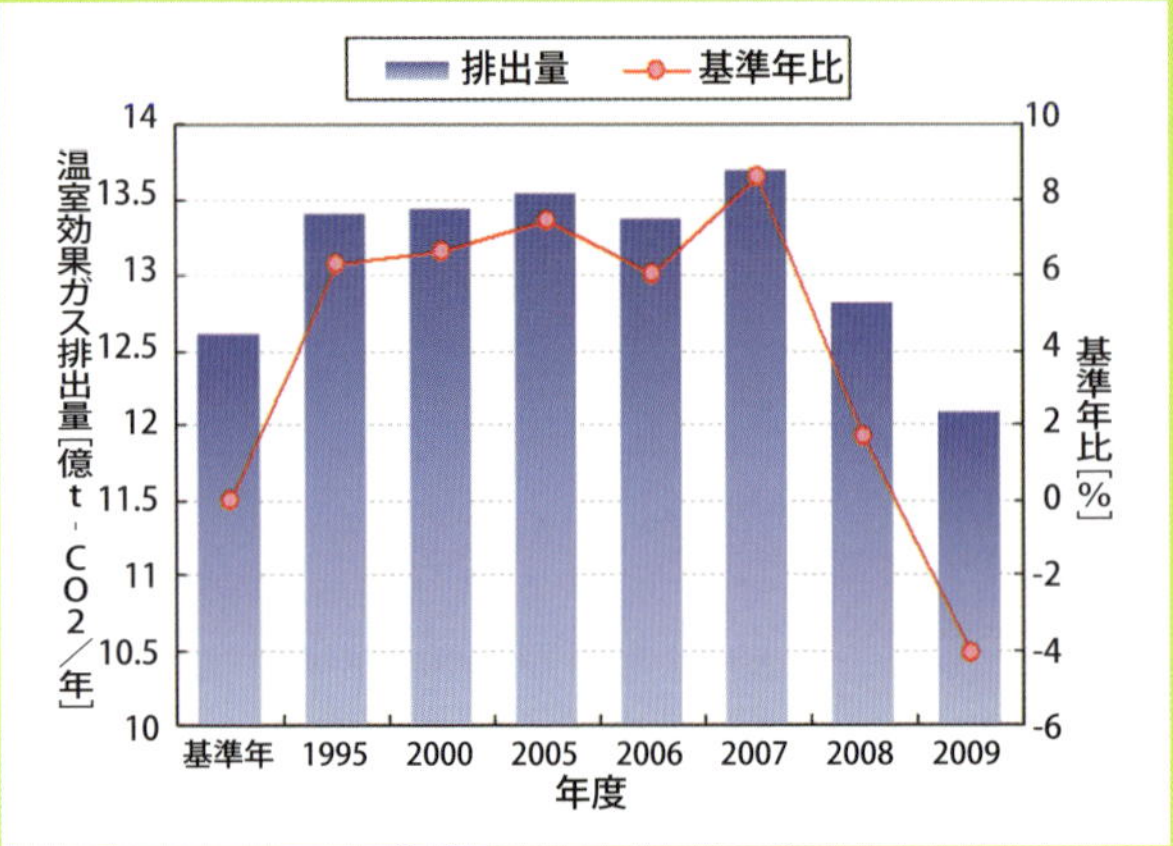

景気後退の影響などで日本の温室効果ガス排出量は急減した（2009年度は速報値）

家庭のエネルギー消費量推移（全国平均・気温補正後）

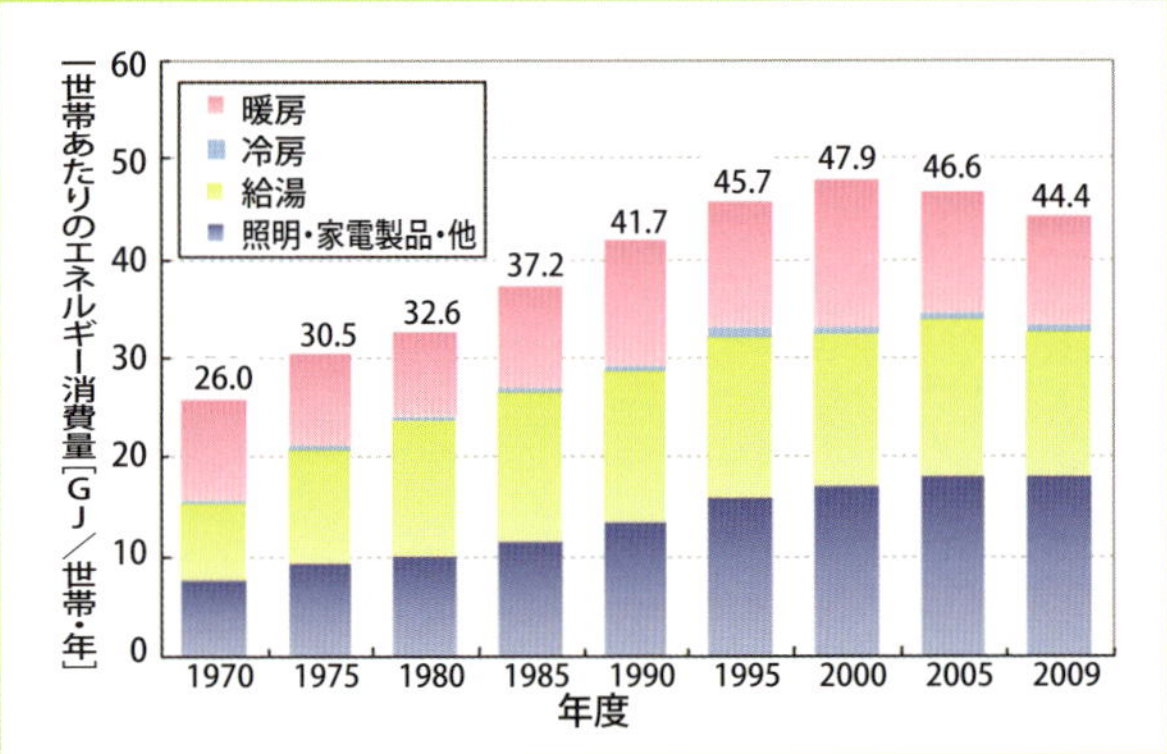

家庭（単身除く）のエネルギー消費量（住環境計画研究所調べ）は減少傾向に転換

エネルギー消費量（一戸建てと集合住宅の比較）

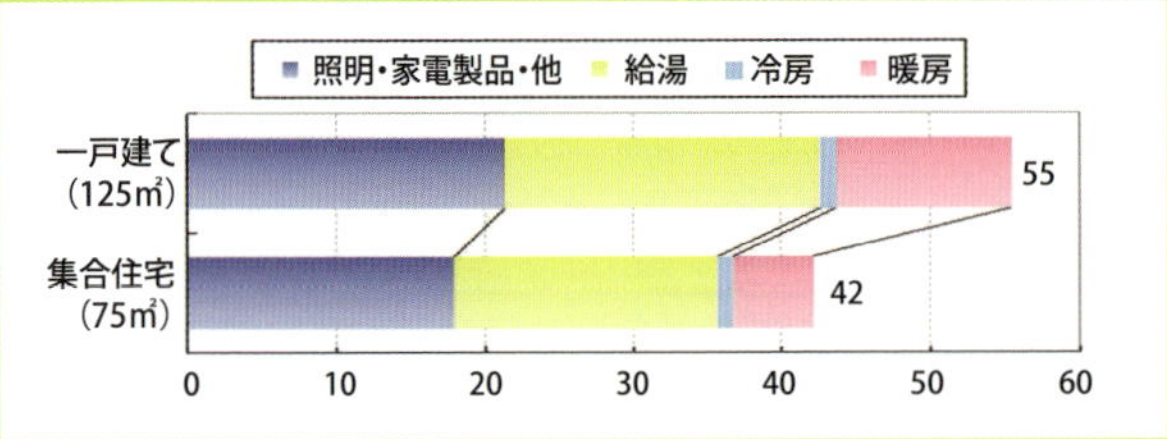

集合住宅では一戸建てよりエネルギー消費量が2割以上少ない（首都圏4人世帯の住環境計画研究所推定値）

筆者の家の電力消費

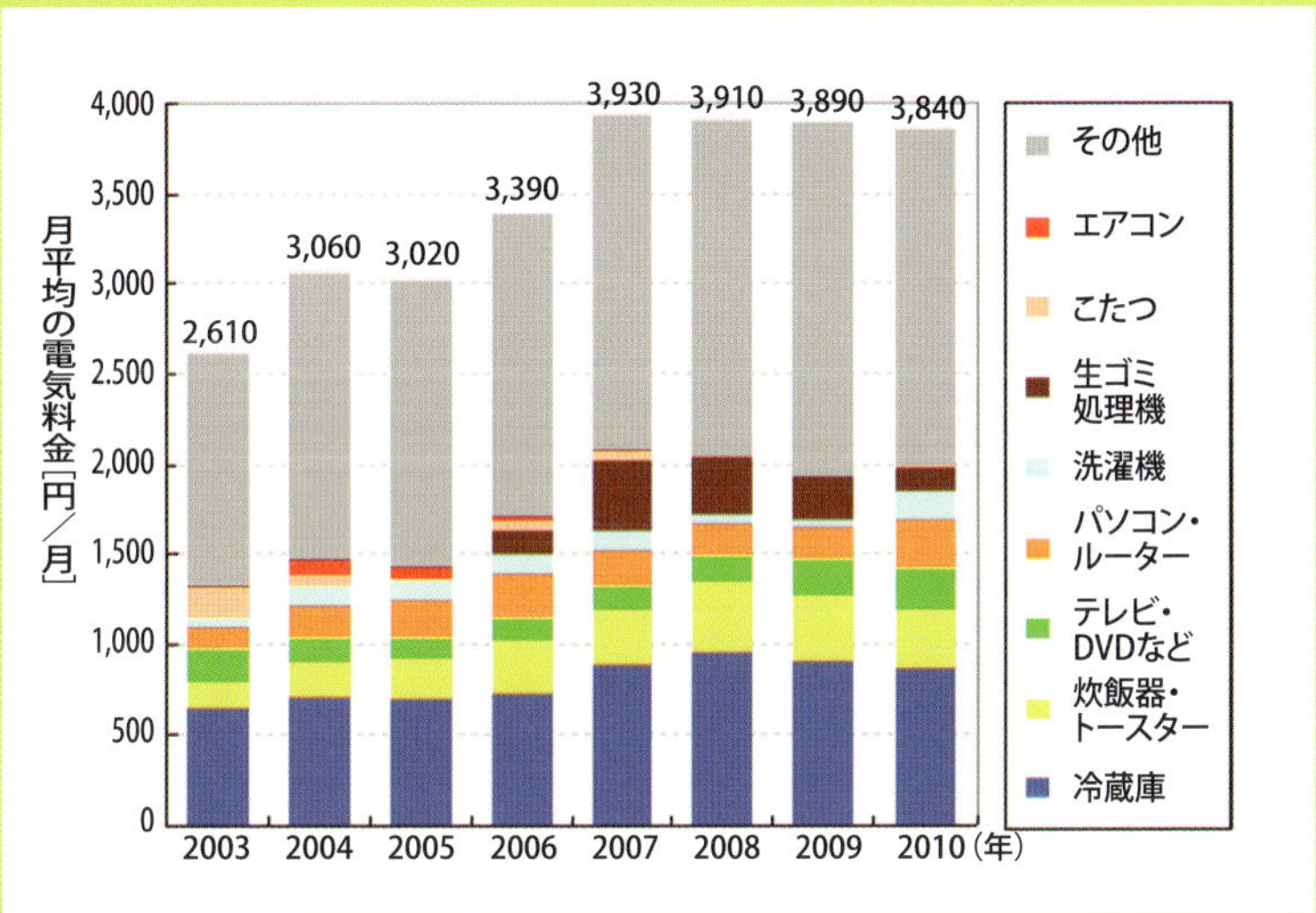

筆者の家では家族が増えた時期に電気代が上がった。家電製品別に電気代がわかるので、省エネのポイントもつかみやすい

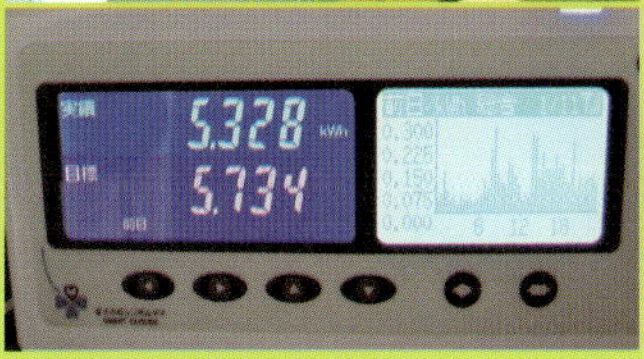

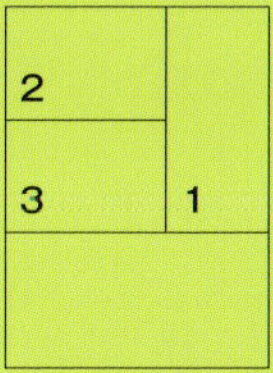

1. 玄関扉の内側に扉を追加。夏はスリットを開放し風を通す。施錠も可能
2. 内窓設置後、窓のそばの〈ひんやり〉感がなくなった。結露防止や防音にも効果的
3. 電気の使用状況がわかる装置。省エネナビCK-5（中国計器工業製）

効いてきた省エネ努力

このような結果をご紹介すると、世の中で「エコ」「エコ」と騒いでいるが、結局のところ、経済活動次第ではないかと感じるかもしれない。たしかにその影響は大きいが、筆者は１９９０年代から取り組まれてきたさまざまな省エネルギー対策の効果がじわじわと効いていると考えている。

たとえば、一般家庭のエネルギー消費量は10年以上前からほとんど増えていない。むしろ最近は減少傾向にある。拡大を続けてきた住宅面積もほぼ頭打ちとなり、世帯員数は減少している一方で、高齢化や家電製品の増大は続いており、冷房や暖房も欧米諸国と比べれば満足できる水準とはいいにくい。このような状況でエネルギー消費量が減りはじめたことは、住宅や機器の性能の向上抜きには考えにくい。

とはいうものの、このようなペースでは、とても前述の目標には間に合わない。そこで政府は、古くて効率の悪い自動車や家電製品を効率のよい製品に取り替えてもらう、住宅の断熱性能を高める工事をしてもらう、といった対策に税金を投じてきたわけである。

おなじみのエコカー補助金（２０１０年9月終了）、家電製品のエコポイント制度（２０１１年3月終了）、そして住宅版エコポイント（復興支援・住宅エコポイントとして実施中。２０１２年10月31日着工分まで）である。家電エコポイントは個人の申請が３０００万件近く（２０１０年11月末時点）に達しているので、利用された方も多いだろう。

これらの制度以外にも話題の太陽光発電や高効率給湯器（エコキュート、エコジョーズなど）、燃料電池への補助金などもあるが、マンションの場合は置き場所などの問題で導入が難しいことが多い。

マンション暮らし自体が省エネルギー

一般にはあまり知られていないかもしれないが、マンションに住むこと自体が省エネの面がある。もっとも、超高層マンションはエレベーターやポンプなどの電力消費量が大きくなるため、若干割り引く必要はある。集合化のメリットは、まず、一戸建てと比べて構造的に暖房に必要なエネルギーが少なくて済むことにある。特に上下・左右をほかの住戸と接している住戸の場合は、その傾向が顕著である。一戸建てからマンションに引っ越して、冬が暖かく感じた経験をされた方もいるのではないだろうか。

お風呂も一戸建てでは窓と外壁があるのが普通だが、マンションでは外部に面していないユニットバスも多く、熱が逃げにくい。家電製品についても、たとえば冷蔵庫を2台以上持つ家庭は一戸建てにはしばしば見られるが、マンションではスペースの面で難しい。

コンパクトなまちづくり

マンション暮らしの場合、移動に伴うエネルギー消費量も少なくて済む場合がある。中心部に立地することが多いため、公共交通機関が比較的整備されている。大規模団地であればバスの便数も多く、また、近隣に食品スーパーマーケットや診療所も立地するため、マイカーを持たない世帯も多い。

地方都市では自動車利用を前提にまちの広域化と中心市街地の縮小が進んだが、行政サービスの非効率さや自動車の運転ができない（できなくなった）高齢者の生活への配慮などから、中心市街地への人口集約を目指した「コンパクトシティ」というコンセプトが広まりつつある。比較的地価の高い中心市街地の住宅は、当然ながらマンションが中心である。

最近増えつつあるカーシェアリングもマンションの場合は取り組みやすいと考えられる。UR都市機構は、最近、大阪の2団地で実証試験を開始している。自動車はいったん所有してしまうと、使わなければ損という状況になってしまうので、こうした選択肢が増えることは好ましい。自動車だけでなく、電動アシスト自転車やスクーターもシェアリングサービスで気軽に利用できるようになれば、なおよいのではないだろうか。

マンションに似た世帯が集まること

10年近く前になるが、家庭の省エネルギーを進める実験のなかで、同じマンション内で住戸ごとのエネルギー消費量を比較し、毎月、居住者の方に結果をお知らせする、という試みをしたことがある。エネルギー消費の多い順にならべて、あなたの世帯はここです、という具合である（ほかの世帯名は匿名）。こういう実験の場合、比べる相手が適切でないといろいろと言い訳が出てくるものであるが、マンションの場合は世帯の世代や家族構成が似通っているため、有効であった。

省エネをがんばっている世帯は、よい成績表をもらったときのようなうれしさを感じ、逆に消費量が多かった世帯はなぜだろう、と理由を考えるようになった。いちばん多かった世帯の方は、せめて二番になろうという意欲を持ち、ゲーム感覚で省エネに取り組まれた。検証はできていないが、マンション内の近所との比較というリアルさは、統計的に類似度を高めた数値と比較するよりも、強い動機づけになるかもしれない。

類似世帯が集まりやすいという特徴は、ニュータウンの高齢化問題のように負の側面と見なされることもあるが、世帯のもつ要望や課題も似通ってくるため、サービス事業者からみれば特定のニーズをもつ世帯の集合体となる。コミュニティが形成されているマンションや団地では、たとえば、ある住戸でリフォームをすると、その住戸が一種のショールームとなって、ほかの住戸にも波及していくといったことがある。

築15年程度を経過したマンションであれば、台所や浴室まわりのリフォーム需要が出てくる頃であるし、家電製品をそろそろ買い替えよう、という方も多いはずである。こうしたチャンスをとらえて、マンションや団地から希望者を募り、エコの視点を取り入れた共同購入・一斉リフォームを割安な費用で実施する、といった可能性もあるのではないかと考えている。

マンション生活者として

最後に私事で恐縮であるが、筆者もマンション（持ち家）に住んでいる。家族でできるだけエコな生活を心がけている。夏は玄関網戸を使った通風と、すだれによる日射対策をしている。2010年の夏は大変な猛暑であったが、家内と子どもたちは日中も、ほぼエアコンなしで過ごしたそうだ。エアコンの効いたオフィスで過ごした私は、これには恐れ入った。この冬は住宅版エコポイントが頂けることもあって、長年検討していた内窓を設置した。その効果は絶大である。省エネよりもカビの原因となっていた結露がほぼなくなったことを喜んでいる。

長年、エコワットやワットチェッカーという簡易な測定器を使って、家電製品の電気の使用量を計測しているが、気候の寒暖や子どもの成長などによって変化する様子がよくわかる。最近は勤務先から省エネナビという時間ごとの電気の使用量がわかる装置を拝借し、試している。省エネの目標を設定することもできるので、いっそう気をつけるようになったし、毎日、結果を見るのが楽しい。いつテレビを見ていたかまでわかってしまうので、家族には甚だ不評であるが。

今後は自宅だけでなく、マンション全体で何ができるかを考え、実践し、エコな暮らしの提案に携わっていきたいと考えている。

パッシブソーラーと集合住宅

自然エネルギーに寄りそう暮らしと団地再生

自然エネルギーは上手に取り入れるだけでなく、貯めて、使うことがキーポイント。そうして足りないぶんこそ化石燃料を使う。地球や私たちがそうであるように、これからの住まいと暮らしは、閉じるよりも自然との応答のなかで考えたい。

自然エネルギー研究所　竹本千之

たけもと・ちゆき
立命館大学政策科学部卒。自然エネルギー研究所。自然エネルギーのコンサルティング、二級建築士、イラストレーター

自然エネルギー利用

２０１１年夏の電力不足では、すだれや緑のカーテン、風通しの効果などが節電に役立つ身近な工夫として紹介され、実際に多くの窓辺で試みられている様子を目にしました。振り返ってみれば節電生活も思いのほか不快ではなく、これまでの生活がいかに過剰だったかを気づかされたようにも思います。

自然エネルギー利用という言葉もこれまで以上に耳にしました。太陽光や風力などの発電技術を想像される方も多いと思いますが、実は先ほどの日射を遮る、風通しを考えるということはもう立派な自然エネルギーの利用です。〈自然エネルギーの利用〉とは、自然のエネルギーの流れを上手にコントロールすることです。なかでも、日射を避けたり、通風を得る「熱のコントロール」は私たちの暮らしにもっとも身近なアイディアなのです。

自然のやり方に学ぶ

図1は東京の月ごとの日射量と気温、海水温、地中温度を並べたものです。グラフの形に注目してください。太陽から地球に降り注ぐ日射は、地表や海面にあたるとその一部が熱

として吸収されます。5月にピークに達する日射は〈熱〉となって地表や海に蓄えられます。蓄えられた熱は自然のルール（図2、①〜③）にしたがって、温度の高い方から低い方へ広がり、8月にピークが訪れます。そのあたりにある石や木、地面や水も、日射を受けてこのように熱を蓄えたり放出したりしながら、季節の移り変わりに参加しているのです。

気温や海水温、地中温度のピークの「ずれ」は、それぞれ熱を蓄えられる器の大きさや熱の伝わる速度といった性質が違うことを意味しています。逆をいえば、目的に合った器を選ぶことで、太陽熱をちょっと蓄えてすぐ使ったり、たくさん蓄えてゆっくり使ったりと、空間や時間に合わせて計画的に利用することもできるということです。このように自然のやり方をもう少し意図的に行う太陽熱の利用方法を「パッシブソーラー」と呼びます。

空気を使った太陽熱利用

たとえば、夏のよく晴れた日、屋外に駐車してある黒い車を想像してください。濃色の金属の上では目玉焼きでも焼けそうですよね。実際、その表面温度は80℃を超えるほど熱くなることもあります。冬には日射量が少なくなるため、夏のようにはいきませんが、それでも少し工夫すれば、40℃〜50℃の熱をとることができます。お風呂の50℃は熱すぎますし、冬の希望室温は20℃ほど。私たちの生活に必要な温度は、だいたい普通に手に入る物の組み合わせでつくれる範囲にあるのです。

そうした熱をどのように使うのがよいのでしょうか。私たちの体のしくみを考えましょう。私たちの体は、体温を一定に保つために燃料を燃やして熱をつくり出しています。燃やしつづけるだけでは体温が上がる一方ですから、放熱をします。この放熱のスピードが重要で、速すぎると寒く、逆に遅すぎると暑く感じるのです。

放熱のしかたは環境によって変化します。たとえば、環境気温が20℃付近の体温調節は、およそ6割が輻射、2割が対流伝導、残り2割が発汗による蒸発（図2－④）で行われています。環境気温が30℃前後まで上がると輻射、対流伝導、蒸発はそれぞれ同程度の割合になり、30℃を超えるようになるとほぼ蒸発による放熱になります。つまり私たちの体にとっては、冬は空気の温度よりも壁や天井、床の表面温度を考慮した方がよく、夏は風通しをよくして汗の蒸発を促すのがよいというわけです。

これらを形にしたのが、パッシブソーラーのうち「空気集熱式ソーラー」（図3）という建築のアイディアです。屋根

図1：月ごとの日射量と温度変化（東京）

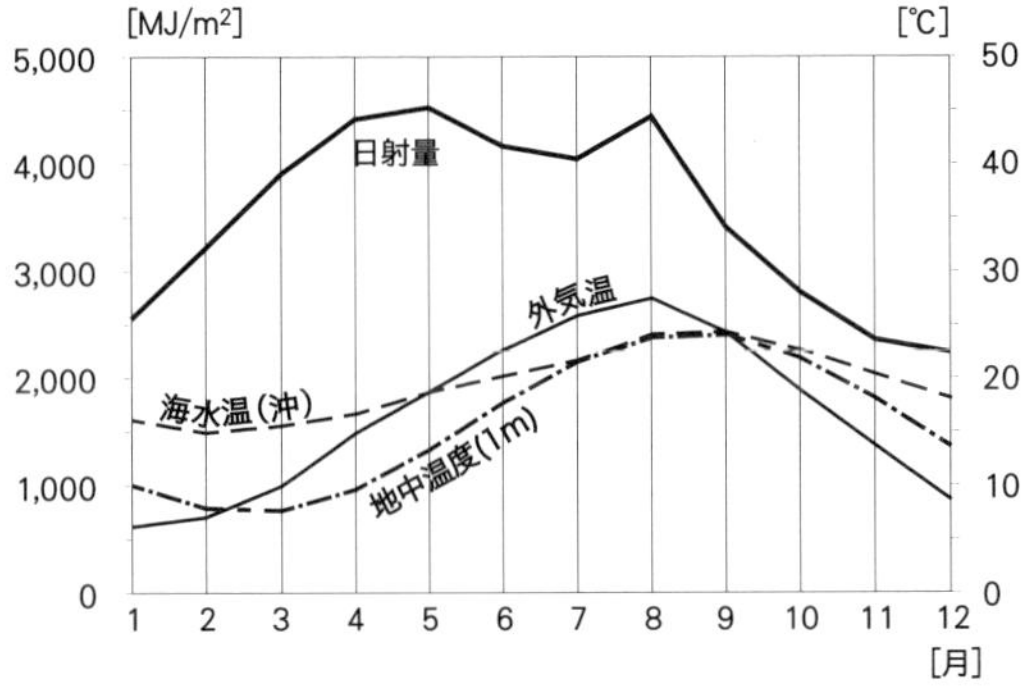

図3：空気集熱式ソーラーのしくみ

図2：熱の移動

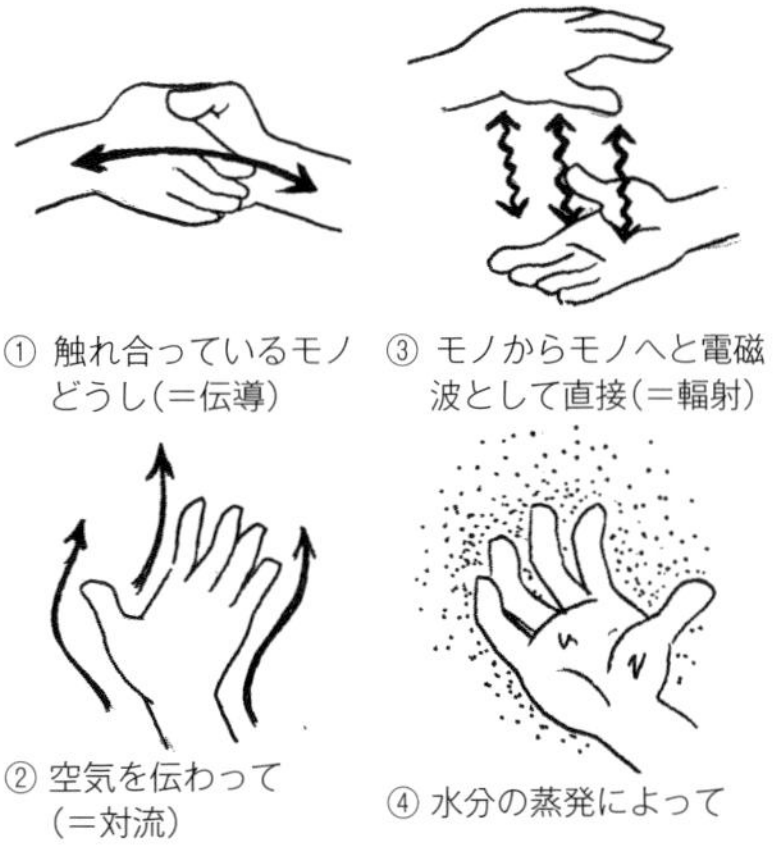

① 触れ合っているモノどうし（＝伝導）
② 空気を伝わって（＝対流）
③ モノからモノへと電磁波として直接（＝輻射）
④ 水分の蒸発によって

図4：団地のための太陽熱利用

で集めた太陽熱で床を温め、蓄熱しておき、気温の低下とともに自然に放熱させる。空気を使って太陽熱を取り込み、室内側の圧力を高めることで、隙間から風が入るのではなく、逆に押し出して換気を行う。こうして住まいを閉じた箱にするのではなく、負荷を減らして開いていきます。国内ではこれまでに2万棟を超える戸建て住宅に活かされており、太陽光発電との相性もよいため、発電をしながら太陽熱の回収もでき、今後が期待されています。

団地のための太陽熱利用

ところで自然エネルギーは化石燃料からつくる電気とは違って、欲しいときに欲しい分だけ手に入るというものではありません。特に太陽光発電や太陽熱利用は、悪天候が続くとどうしようもありません。自然エネルギーは無尽蔵などといわれますが、現在の住まいに必要な電気や設備を自然エネルギーで「補う」というのが実際の姿です。

「補う」という考えが向いているところもあります。団地のような集合住宅には屋上に十分なスペースがあり、住棟はほぼ南向き、十分な隣棟間隔も確保されているため、上から下まで日が当たり、文句なしです。また住戸間の壁や床は共有されるため、外気に接する負荷の高い部分の割合が少ないことも有利です。各住戸の生活に合わせた細かな制御は非常に難しいため、全体としての建物の温熱環境を「補う」のです。

たとえばこんなアイディアはどうでしょうか（図4）。団地の屋上に大きな屋根をつくり、冬は太陽光発電をしながら太陽熱を集めます。太陽光発電は蓄電ができないため日中利用し、余った電気は売電しますが、同時に回収した太陽熱は建物の負荷の大きいところに送り、コンクリートに蓄熱させます。蓄熱させておけば、日没後の気温低下によって放熱が始まり、一日の温度差を小さくすることができます。また住戸内の空間的な温度ムラが抑えられれば、寒い季節にも住まいを広く利用できるでしょう。

日射量の増える春から秋まではお湯もつくります。戸建て住宅では全集熱量のおおよそ3割程度で貯湯槽いっぱいとなり、残りはただ排熱しています。こうした点も団地であればより有効に使える可能性があります。夏は夜間の放射冷却を積極的に利用し、温度が下がった空気で日中に暖まった建物の温度を下げるなどの工夫も考えられます。夏の日中は日射の侵入を防ぐ日除けをベランダに設置し、風通しを工夫しましょう。こうした通風や輻射のために、間仕切りの少ない大きな空間を中心とした間取りに変えていけばさらに効果的でしょう。こうしてざっくりと建物全体の負荷を減らしていく

「補う」という考え方は、団地などの集まって住まう形にあった自然エネルギー利用のスタイルではないかと私は考えています。

もっと空を見る生活

いかがでしょう。自然から得られるエネルギー以上のことはできませんが、結構いろいろできるかもと感じていただけましたか。かつて自然エネルギー利用といえば、昔の生活に戻るようなイメージでしたが、間取りの話1つとってみても現代的ですし、私たちの住まい方とも相性がよいように思います。

地球も私たちも同じように、自らを取りまく環境と応答しながら快適さをつくり出しています。現代の便利な暮らしに慣れた頭で考えると、どうしても自然を自分の側に無理やり引っ張ってくることを考えてしまいがちですが、自然のルールにしたがった工夫をすることで、自然と暮らしをうまく寄りそわせた快適な環境をつくることができます。天気のいい日は洗濯物を外に干すように、暖房だって、給湯だって、いろいろな場面で空を見ながら生活する、そんな方向にもっと工夫しませんか。

第6章 専門家の役割とは

団地再生というテーマには、建物や個々の居住空間といったハードの課題だけでなく、人と人、人と地域をどう結びつけるかというソフトの課題も含んでいる。少子高齢社会となった日本の課題が、一足先に団地で顕在化しているからだ。これはもはや共通認識だろう。その課題解決のために、行政や公的団体、民間企業、大学、都市計画家、建築家、建築士、NPOなどそれぞれの領域の専門家たちはどう動くべきなのか。

非常時に役立つ「日常のつながり」

仙台・宮城の地域コミュニティ再構築を考える

東北工業大学 ライフデザイン学部 安全安心生活デザイン学科 准教授 大沼正寛

おおぬま・まさひろ
1972年生まれ。東北大学大学院修了。博士(工学)。建築家。伝統木造などの建築設計や環境資産の保存活用を通して、東北の風土醸成に寄与する建築デザインを探究。東北文化学園大学准教授を経て2012年4月より現職

非常事態には、日ごろ培った人と人の関係がものをいう。東日本大震災でいち早く行動を起こした地域には必ずもととなる人のつながりがあった。その関係性を専門家はどうサポートすべきなのか。

仙台市街の住宅事情と震災直後の風景

震災復旧・復興に、各地からご協力いただいていることに、東北の人間として、まずは御礼申し上げたい。さて、筆者の住む仙台も被災都市の1つであるが、中心市街は内陸にあり、復旧はかなり進んだ。それどころか2011年下半期は、未体験の空気に包まれていた。人も車も多い。電気は以前のように不足なく使える。繁華街国分町も大盛況という。これ自体は大歓迎であるが、東西50㎞にも及ぶ広域仙台は、東に被災地を抱えてもいる。その痛み、そして北東へ、南へ続く痛みの連続を、一瞬ながら忘れてしまうような、あるいは忘れたいかのような、そういう刹那的な盛況とも映る。その複雑な風景が、未体験なのである。

そんな仙台の「マチナカ」周辺では（地方都市は駅前や繁華街がおおむね一塊なのでこう呼ぶ）、ここ10年来、マンション・ラッシュが続いていた。支店経済都市ゆえ、人口の流出入が多い。地権者が土地を維持しにくくなったこともあろう。そこにタワーマンションがようやくはやりはじめていた。凹凸のスカイラインはまちなみとして是か非か。しかし購入者は（見下ろす）眺望を価値と感じてもいる。仙台城の天守台跡を超えてしまった物件もあり、異をとなえる古老もいる

が、声はかすむ。仙台は、中央からの風にきわめて従順なのである。結果としての凹凸景観よりも、異論をぶつける元気な市民が少ないことの方に、筆者は問題を感じているが…。

3・11を思い起こすと、電気は早く復旧したが、水道は遅く、ガスにいたっては1か月も要した。毎日風呂に入れるというのは、なんとありがたいことだったのか。この間、ガソリン行列に早朝から並び、被災地にも出かけたが、市内でも外壁の崩落したビルにたびたび出くわした（写真1）。市内を見るのは、被災状況の観察もあるが、主には食糧の買い出しだ。地割れもそここにあった。仕事柄、直後の2週間は学生の安否確認、次いで被害・復興関連の会議などが続き、授業再開は5月まで遅れた。あれからもう1年以上たった。

仙台のまちづくりと集住の意義

仙台旧市街の片平－花壇・大手町地区は、さとう宗幸「青葉城恋唄」で知られる広瀬川を望み、対岸が仙台城跡や瑞鳳殿（伊達政宗の霊廟）という、自然と歴史に恵まれた立地にある。川の周辺は「広瀬川の清流を守る条例」に基づき、建築は20ｍの高度規制があるので、その境界のすぐ外側は、川辺の眺望が保証されたマンションが林立する。その結果、花壇・大手町地区は、中高層マンションに見下ろされる格好になる。もし、この地区を含めて、仙台駅周辺から広瀬川までが、もう少しつながりのある空間であったなら、都市の魅力はもっと増すのではないだろうか。

さて、この地区には1つの課題があった。市街地から観光名所の瑞鳳殿前まで大型観光バスを乗り入れ、そのまま南へ抜けるという、戦後すぐの都市計画道路・向山常盤丁線である。土地区画整理事業による、いわゆる塩漬けの買収用地が長期間、まちの一角を占めるという問題だ。これを計画した当時の市長、技師らの戦災復興主導には定評があるが、もちろんあらゆる計画は満点ということはない。時代が変わった今、効果や問題点を洗い直してもいい。そして見直しは現実になった。

花壇・大手町地区の「まちなか農園藤坂」は、この都市計画道路用地を活かしたまちづくりの一例である。この土地は2004年頃から、部分的にポケットパーク（花壇や休憩場）に利用されたが、やがて、近くで始まる地下鉄東西線工事（2006年本格着工）の資材置場となる恐れが出てきた。通学路を往来する子どもと、大型ダンプとの接触が怖い。そそこで、今野町内会長を中核とするまちづくりグループが、2006年頃から、より積極的に地域で活用するプログラムを考えはじめた。

その頃、仙台市のシンクタンク・仙台都市総合研究機構（現在は廃止）では、「杜の都に田園資源を活かす研究」の一環として、仙台駅の近傍で小さな畑をつくって遊ぶ「アーバンスコップ」なる実践が進んでいた。今野会長らはこれに注目。住民、知人はもとより、県内・市内の高校・大学からの協力を得て、実現にこぎ着ける。名前は、かつて「仙台七坂」の1つといわれた藤坂（かつては「藤ヶ坂」）にちなんだ。ゆるやかに開かれた町内会組織は、「花壇・大手町地区グランドデザイン作成委員会」なる組織に発展し、地区の子供会や社会福祉協議会、市民センターなどとも連携を取り、いまや仙台屈指の地域づくりの先例となっている。

大手町に新築されたタワーマンションも、初めは先述の凹凸景観の違和感を指摘されることもあったが、入居した住人はすでに、地域づくりの同志である。タワーマンションの脇に畑がある風景も、新しい杜の都らしさに数えられるかもしれない（写真2）。

地区住民でもある筆者はといえば、農園区画や外構のデザイン、既存の木杭に固定した収納板塀（写真3）の学生建設ワークショップなど、コミュニティ・アーキテクト（地域建築家）的な下支えに奔走した。そしてその後、市の財政状況もあって、道路計画の見直しが現実となったのである。

ところで、ここで培ったコミュニティが、震災時に役に立った。なんとなしに声を掛け合い、マンションの上階に住むお年寄りに声を掛け、降りるのを手伝う。夕方には、地元の食堂が一肌脱いで、会長らと炊き出しを始める。手伝う人々はすぐに集まる。綿密な防災訓練をしてきた一方、災害が大きすぎてその通りには必ずしも進まなかったけれども、結果として集団としての対応能力がついてきていた。

「集住」とは、集まって住むことで、知恵が生まれる人間生活のまとまりを指すのであって、たんに密度の高さをいうものではない。

仙台の集住空間は、いまだに戸建て団地とマンションの2種類しかほとんど見あたらない。これは未成熟といわざるを得ないし、古い公団住宅や昔からの賃貸住宅をもう少しうまく再生できたら、と思う。しかし、まずは箱からでなく、日常のつながりのある暮らしと、非常時の助け合いから始めるべきだろう。集住都市のゆくえは、その先にある。

東北の「ムラ」と集住空間の再生——石巻市雄勝町地区から

多様な農山漁村で構成される東北地方。そもそも、この地方にはいったい、いくつの「ムラ」があったのだろうか。明治の大合併前、明治14年「郡区町村一覧」によれば、中核都

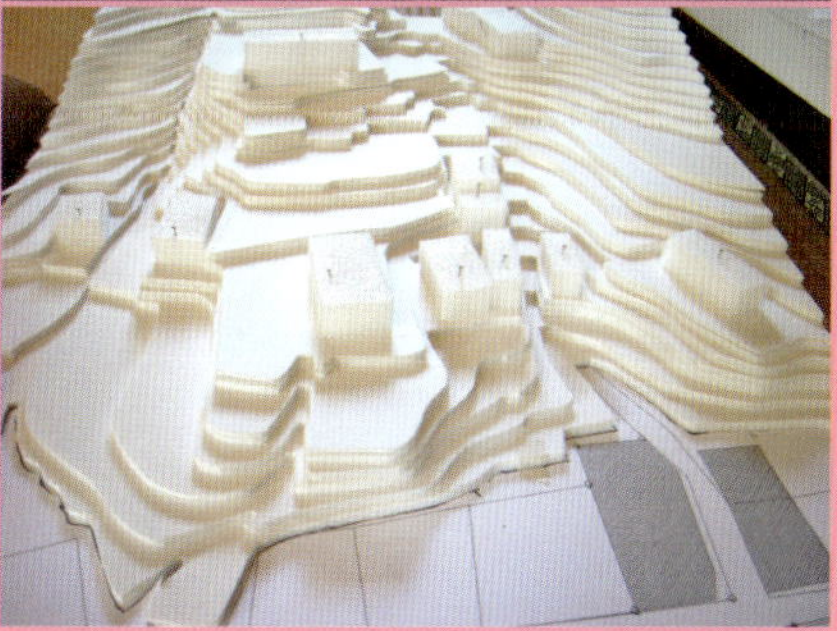

2	1
	3
5	4
	6

1. 仙台南町通りのビルの外壁崩落状況
2. タワーマンションとまちなか農園藤坂
3. まちなか農園藤坂の収納板塀
4. 大津波でも残った雄勝硯伝統産業会館新館
5. 石巻市雄勝町N地区の被災状況
6. 石巻市雄勝町N地区高台畑地付近の地形模型

市を示す「区」は仙台1か所のみで、あとは約1200の「町」と約600の「村」で構成されていた。前者がかつての市街地、後者はいわゆる農山漁村と考えればよいだろう。東北六県で、町場が多かったのは、北前船で繁栄した山形である。次いで宮城、秋田、青森、福島と続き、岩手には642の村しかなかった。

宮城には、約300町700村が存したが、とりわけ広域合併した現 石巻市は、リアス式海岸の沿岸部から平坦な海岸・港、内陸農村部、そして市街まで、ほぼすべてを有する大変な地域である。小漁村だけで少なくとも58あるが、そのおよそ3分の1にあたる区域は、旧雄勝町に属していた。雄勝町は、昭和16年まで「十五浜村」と呼ばれ、浜辺の小漁村が20か所ほど続いていた。硯石となる玄晶石を産出することで知られ、明治後期から昭和初期には、屋根に用いる天然スレート材が製造され、栄えた歴史がある。

その中心部、雄勝硯伝統産業会館新館は、津波を考慮したスレート葺きのタワービルとして計画された。今回の津波でも、大きな損壊なく残り、復興シンボルとしての修復も検討されている（設計=伊藤邦明、松本純一郎、2001／筆者は基本設計参画、写真4）。5月末、震災後の建物調査に訪れた当時の設計チーム一行は、先述の約20か所の最北に位置するN地区を訪ねてみた（写真5）。

話を聞けば、高台にあった地区民の畑地を供出し合うことで、新たな住宅用地に役立てる準備が進んでいた。そこで、一行はその後もたびたび現地を訪れ、簡易測量や模型製作を行う一方（写真6）、地区のリーダーと仙台や東京、あるいは中越地震の復興例を視察し、議論を重ねてきた。もちろん、われわれの協力や提案は参考例にすぎないが、事業計画や他地区との関係性など、課題は山積している。

とはいえ、前述の都市コミュニティとは別の「集住の知恵」がある。それは日々の漁における競争性でもあるし、緊急防災における運命共同性でもあり、その地縁・生産システムは高度で多面的である。それらの再生なくして、わが国の集住の明日は見えるはずがない。それを軽んじて都市部の復興を優先しても、私たちは将来、食べていけないだろう。山積する日常業務を乗り越え、少しでも現地に協力できればと考えている。

調和と変化と連鎖の風景

岡山県営住宅の建て替えを振り返る

面的な広がりのある敷地を
周囲の景観との連続性をもたせながら設計する――。
10年にもおよぶ困難な課題に取り組んだ
建て替えプロジェクトから見えてきたこととは。

建築家　阿部 勤

あべ・つとむ　1936年東京都生まれ。建築家。1960年早稲田大学理工学部卒業。坂倉準三建築研究所。タイ全土で学校の設計監理を担当。1971年アルテック設立。2005年には『中心のある家』を出版

周辺との調和を重んじつつ自由に設計

このプロジェクトは「クリエイティブタウン岡山（CTO）」の1つで、敷地は岡山と倉敷の間の中庄にある。田園と里山の間の11haに昭和30年代に建てられた県営住宅662戸の建て替えである。

計画は四期に分かれており、岡田コミッショナーの推選により三期の設計者が選ばれ、1991年にスタートした。

最初に岡田コミッショナーおよび各期の設計者丹田悦雄、遠藤剛生、阿部勤が集まり、マスターイメージ、周辺環境、各期同士のかかわりなどについて話し合いがもたれ、プロジェクト全体を通してのコンセプトがコミッショナーからキーセンテンスというかたちで提示された。各建築家はそれを念頭に置き、周辺との調和を取りつつ、自由に設計するという方式で進められた。また、各期とも地元岡山設計技術センターとの共同設計である。

第一期キーセンテンス

①周辺環境（外周）との関係を考える。

②内側に空間をもち、セミプライベート、セミパブリックなどの関係を考える。

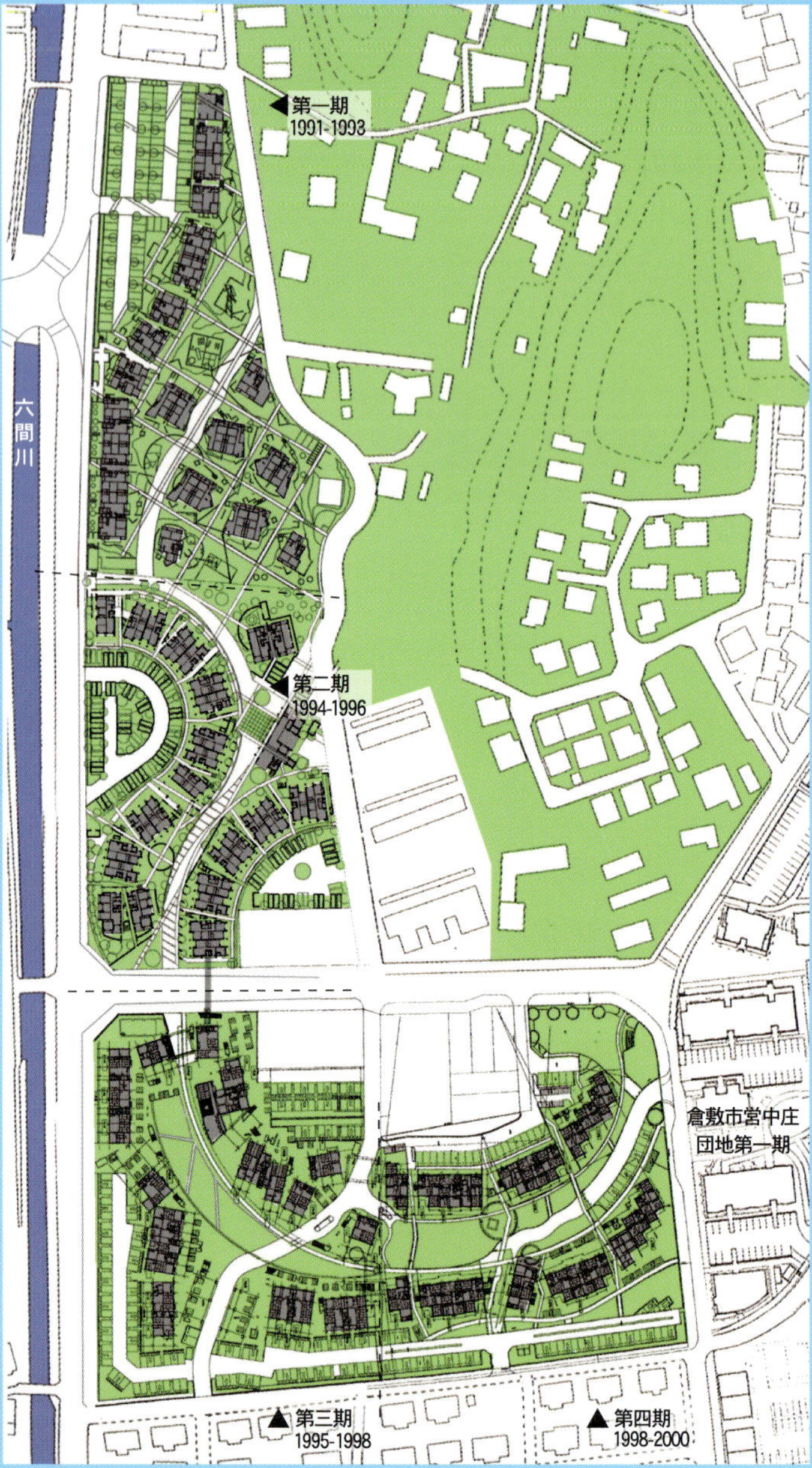
第一期
1991-1993
六間川
第二期
1994-1996
倉敷市営中庄
団地第一期
第三期
1995-1998
第四期
1998-2000

2	1
4	3
7 6	5
9	8
11	10

1. 六間川から見た一期。緑の駐車場のはずであったが…
2. 格子の道の向こうに既存ポイント棟
3. 二期から一期を見る
4. 二期：2棟の間の道
5. 3階のペデストリアンデッキ
6. 二期：3階の接地感のある路地
7. 三期の囲まれた道
8. 六間川側より見た三期
9. 四期から三期を見る。まちにもつながっている
10. 四期：住棟間の緑の中庭が市営住宅へとつながる
11. 万成（花崗岩）のサークル

③スカイラインを考える。
④年次計画相互のジョイントを考える。
⑤素材における関係として（一部でもよい）、コンクリート打ち放しを共通言語として用いる。
⑥前面道路との境界エッジは統一ある納まりにできるか？
⑦駐車場は植樹にて覆う。
⑧これまで共同住宅に関しては多くの研究がなされてきた。それらのスタディーに対して気配りをもつ計画でありたい。

第二期キーセンテンス

①第一期のキーセンテンスの踏襲。
②共同住宅において、集合の基本となる住居に対するアプローチが大切である。阿部勤の自邸に見られる（中心のある家）原型である住宅を核としながら、まちとしての恒久性を獲得することが大切である。
③恒久性を考えて、住居は将来拡張するための方法を保有することも1つの考え方である。
④植栽、岡山の土壌を考えて、植樹の選定と客土《きゃくど》の仕様については、十分に専門家と相談する。

第一期 設計　丹田悦雄——リニア棟・ポイント棟

第一走者の丹田氏は適任で、果敢に攻め道筋を付けてくれた。氏は意図について、雑誌『新建築』のなかでこのように述べている。

「細長い敷地形状、西側からの道路負荷、相隣関係、安定したオープンスペースの確保、などの事由によって、配置のタイプは、リニア棟とポイント棟の組み合わせが相当と考えられる。2種の並存は、住戸密度や生活領域の策定等々の調整を容易にする。と同時に、リニア棟の中間階に取り込んだ空中の歩行路と、東側ポイント棟群の格子状小径の2つの系を二期に向けて放つことで、二期の多様で複雑な受け方を可能とする、住居系まちづくりの基本的な開放策を意図、創出できた」。

感心したのは、里山側との関係を配慮し、敷地の外にある既存ポイント棟を、道を付け替え敷地のなかに抱え込み、環境との融合を図ったことである。

第二期 設計　阿部勤——里山に調和する風景

二期のこの地にあるべき姿を探すために地元、やなぎ建築設計事務所のスタッフと岡山を歩き回った。そして、昔どこにでもあった、里山に沿って曲がりながら走る街道の家なみの風景をイメージした。一期工事のポイント棟を受け、東の里山から続く緑のなかに延長させた格子状小路のなかに単位棟と集会棟を点在させ、広がったポイント棟のエリアを湾曲する2つの連続棟の間に絞り込む形で内をつくり、その流れを三期につなげるという構想とした。

西棟は、一期のリニア棟の流れを受け、六間川沿いの駐車場を抱え込む形で湾曲し、東棟は東の既存棟の流れを受け南に湾曲するなど、周辺環境とのなじみに配慮した。3階には一期の空中歩廊（ペデストリアンデッキ）が住戸にはさまれた路地となり、湾曲しながら南へと延びていく。この路地は途中で分岐し、ブリッジで集会棟、東棟の路地へとつながり、南に延び、三期へわたるブリッジへとつながる。

この路地や棟の間にある階段の各所に、人が集えるベンチやプラントボックスを置き、小さなコミュニケーションの場が家なみの風景をつくること、また、分節化した連続棟と道との間に植込みや壁などで見え隠れする空間をつくり、居心地のよい生活空間を意図した。

第三期 設計 遠藤剛生――軸線がつくる有機的一体性

この敷地は、北東から里山集落、戸建住宅群、県営、市営住宅、企業社宅、多様な住宅群に囲まれ、それに一期、二期の流れが加わる。この環境を読み解くことは大変だったと思う。

スケッチを見せてもらった。そこには周辺との関係を示すいくつもの軸線が交差していた。この軸線の処理が氏の目指す、周辺住宅地の自然的、生活的、空間的要素との連続一体性のある有機的住宅地を生み出しているのだと感じた。

生活空間は広場を囲む形で展開し、独自の場をつくっているが、2層吹き抜けのピロティーにより外のまちとつながっている。二期からの路地は、ペデストリアンデッキとなり、大きく回り四期へとつながっている。廊下（道）はリビングアクセスなど、変化のある生活空間との関係をつくりながら立体的に展開していく。高層棟はこの団地のシンボリックなランドマークとなっている。

第四期 設計 やなぎ建築設計事務所――調和をつくる鏡

第四期は二期で共同設計をした地元、やなぎ建築設計事務所が選ばれ基本設計を、実施設計を岡山県設計技術センターで行った。

74戸を分節化したこと、基本グリッドを3・75mと抑えたこと、そのことからくる構造断面が小さいことが、親しみやすいスケールの空間となっている。三期のイメージ、ディテイールが鏡のように映し込まれ、意図通り、境があいまいで三期と一体化している。

四期の特色は中庭の緑である。盛土と地元産の万成（花崗岩）が、豊かな自然を感じられる空間をつくっており、この空間は、既存の公園および東に隣接する倉敷市営住宅一期へと開かれている。

傾斜屋根も、三期並びに東側のフラットな市営住宅とのスカイラインとの調和を考えデザインされている。

久しぶりに中庄を訪れて

10年にわたりつくりつなげた連作を一期から四期まで歩いた。変化と調和のある風景のつながり、各期の個性ある空間を楽しむことができた。しかし、天候が悪いせいか、各住戸は閉ざされており、楽しさや、住まいに対する愛着があまり伝わってこなかった。竣工して1年目のヒアリング調査でも「こねえなええいえへ住わせてもろうてありがとうござんす」という受け身の答えが多く、住まいに積極的にかかわろうとする人が少ないように感じた。

ベルリンのインターバウ住宅地についての映像（元明治大学教授の澤田誠二氏監修）で、住人の住環境を改良する姿を見、日本人との住まうことに関する意識の差を感じた。

昔の村は各住まいが開かれていた。それは村という囲いがあったからである。積極的に住まいやまちとかかわり、生き生きとした住環境をつくるには、地域社会という囲いがあって初めて可能であり、地域社会の再生こそが団地再生のキーであると感じた。

団地再生に問われていること

「新・建築士」の役割について

団地の再生はまちの再生でもある。
ならば、周辺の街区も含めた総合的な再生プログラムが必要だ。
しかし、今それに対応できる主体は誰なのか。
業務領域を拡大しつつある建築士が、その役割を担う。

現代計画研究所 代表／日本建築士会連合会 会長
藤本昌也

ふじもと・まさや
１９３７年旧満州新京生まれ。早稲田大学大学院修了、大高設計事務所を経て、１９７２年に現代計画研究所設立。２００８年から日本建築士会連合会会長

〈生活空間〉の創造に向けた基本戦略
「物づくり・街づくり・生活づくり」

１９９２年に「集合住宅計画の現在」と題して、戦後のわが国の集合住宅計画の経緯を踏まえたうえで、専門家としての問題意識を、「基本的には経済合理主義や市場原理にゆだねられてきたこれまでのハウジングシステムでは、真の意味での革新的計画やデザインを実現することは不可能であり、デザインのがんばりだけではもはや限界だと観念すべき地点にきているのである」と、投げかけました。16年を経過した現在（２００９年）、団地再生が広まる一方で、当時の問題意識はより深刻化し、いまだに解決の糸口が見えていないといわざるを得ません。

われわれはその解決の糸口として、〈大地性の復権〉を理念に掲げ、地域に根づいた質の高い〈生活空間〉の創造に向けての作法を実践してきました（図1）。その作法とは、物づくり・街づくり・生活づくりの3つの視点から課題を探り、総合的な解決が可能となる〈生活空間〉を発見することです。

１９７０年代に入り、地方の公営住宅において、茨城県をトップバッターにいくつかの県で取り組んできました。茨城県営六番池団地（１９７６年）は、その一例です。高層では

なく低層集合を考え、接地性の高い住居や戸建感覚で住まえる住居で敷地を囲みながら、共同空間（中庭）の質を高める提案によって、地域の課題にこたえました。33年が経過した現地を訪れると、子どもたちの声が聞こえ、新しい居住者によって育てつづけられている〈生活空間〉を見ることができます（図2）。

しかし、大半の、特に民間集合住宅の実態は、はなから〈地域性〉といったテーマには無縁の存在だと思わせるものでしかなく、商業主義に支配された商品企画によって、差別化のためのデザインで味つけされた集合住宅が大量に供給されています。また、バブル経済崩壊の過程で、それまで商品価値を高めるべく多様なデザインを模索してきた民間セクターの試みも一挙に封印され、コストがすべての画一的なマンションづくりに突き進むことになります。地域との結び付きを欠いたマンションが乱立し、周辺住民との建築紛争も絶えず、まちはだんだんと悪くなってきています。団地再生に向けて、集合住宅の問題は多岐にわたり深刻化しているのです。

〈事業〉の実現に向けた総合戦略「計画論・空間論・事業論」

これからの地域まちづくりにとっての大きな課題は、郊外

集合住宅団地をはじめ、既成市街地、中心市街地などのまち再生と考えています。しかし、その試みの多くは、計画論や空間論の視点から再生像は描けても、事業論の視点から現実的手法が見いだせずに総合的まち再生としての実質的成果をなかなか出せない状況にあります。総合的まち再生の一例として、山口県宇部市の中心市街地再生事業の体験を通して、具体的に説明します。

この事業は、約1・2haの地区を手始めに、市施行の土地区画整理事業によって実現されました。それまでにも地元では計画案づくりに取り組んでいましたが、結果的には絵に描いた餅、実現性のない構想に終わっていました。実現可能なまち再生に取り組むのであれば、〈計画論〉〈空間論〉〈事業論〉という3つの立場からの議論を串刺しにして、本事業にとって最適で独特な再生手法を総合的に解き明かすしかありません（図3）。

これには、3つの論点に対して基礎的知識を有する専門家の存在が欠かせない条件であり、3つの論点からの提案を実現に向けて効果的に支援する基本的制度の整備が必要不可欠となります。宇部市の中心市街地再生事業は、こうした議論を経て、7年間で民間建て替え事業までをワンラウンド終えました（図4）。

図2：茨城県営六番池団地

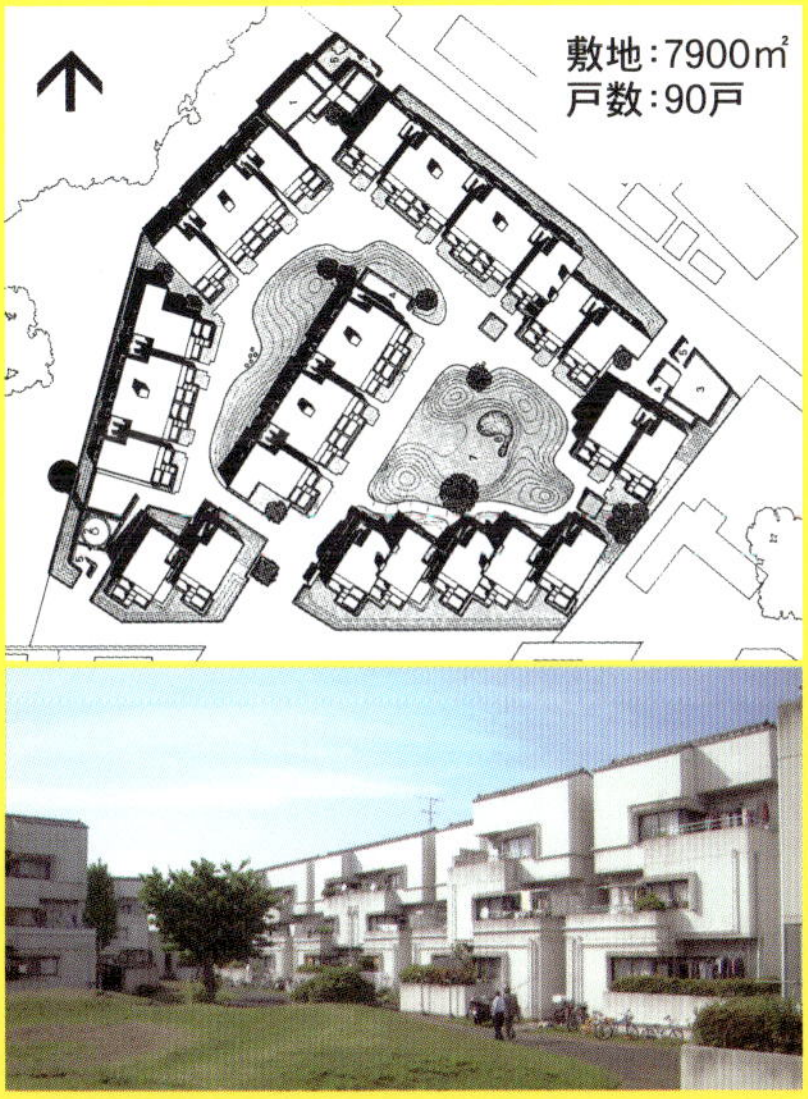

図4：宇部市中心市街地再生事業

図1：生活空間の創造

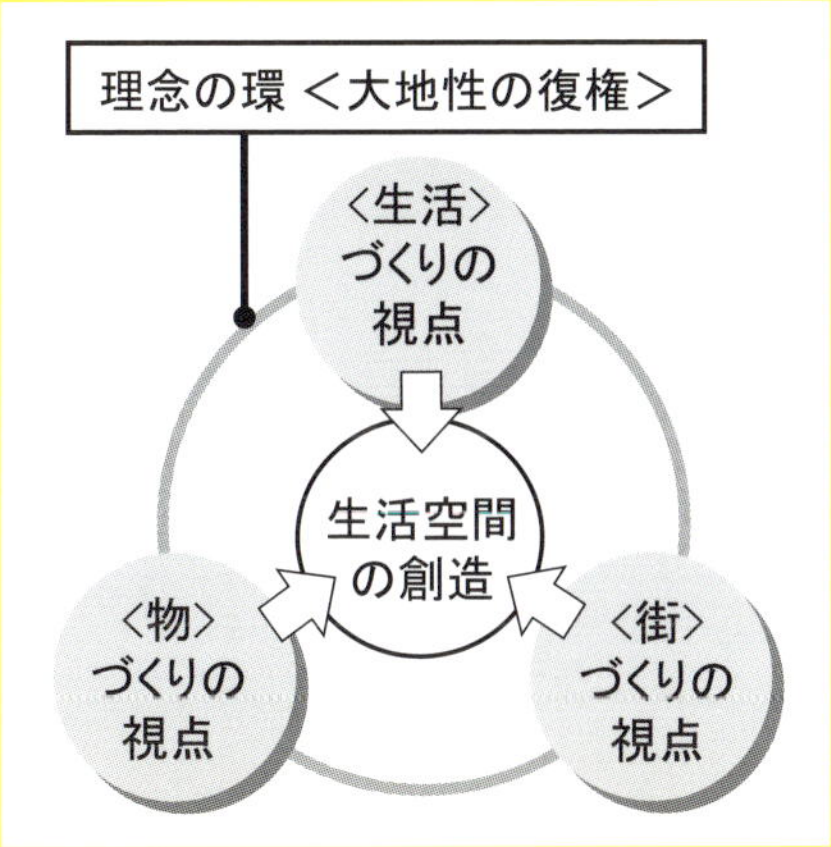

図3：3つの視点

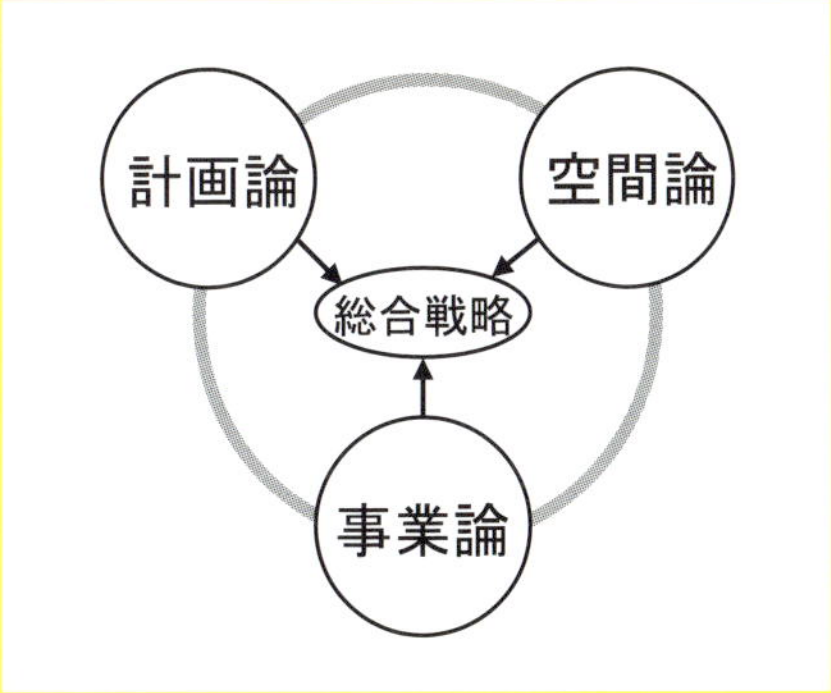

図5：都市戦略から見た団地再生

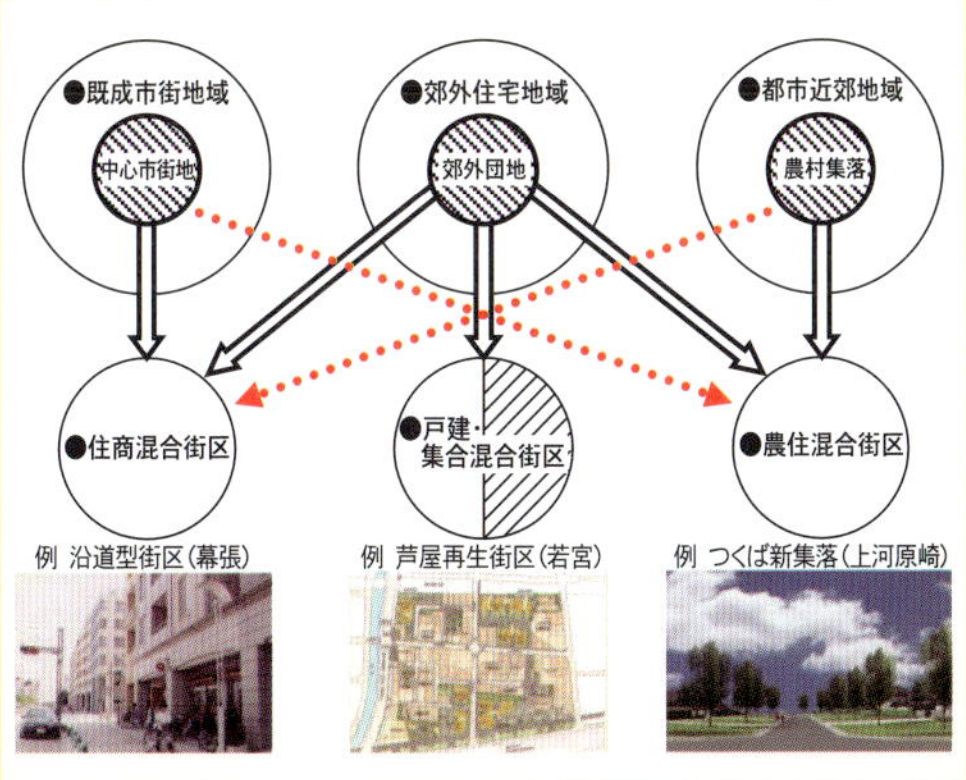

また、宇部市の総合的まち再生は、中心市街地へ人口を集約するのと並行して、郊外市営住宅建て替え事業によって郊外人口を減らしながら、郊外環境の特性を活かした新たな居住地環境づくりにも取り組んでいます。

団地ごとに事業は完結するのですが、事業の効果を都市的な単位で考える必要があるのです。都市マスタープランや住宅マスタープランは縦割りであるのですが、総合的な視点に基づく、たとえるなら「都市住宅再生マスタープラン」のような〈都市戦略〉をイメージします。

今、団地再生に問われていること 人と人、人と自然の関係の見直し

〈計画論〉〈空間論〉〈事業論〉という3つの立場から団地再生を議論するのに、どういうことを考える必要があるのか。以下に仮説を列記します。

①計画論―〈生活者ニーズ〉を重視することです。

・二地域居住のような、これからの〈都市生活像〉をしっかりと見定める必要があります。

・また、〈都市戦略〉から団地再生のあり方を考えなければなりません。

②空間論―〈共同性〉を再検証することです。

・〈閉じ過ぎる〉集住空間形式を改める必要があります。

・高層は一部地域の特殊解であっても、〈中低層・中密〉の空間形式を基本として採らなければなりません。

・安易な〈都市的コミュニティ否定論〉を乗り越えます。

・相互扶助の都市的人間関係を再構築することが、集住空間の特性となります。

③事業論―〈ソーシャルセクター〉を再構築することです。

・市場主義社会がもたらした結果を考えます。

・民間セクターへの過剰な期待を改める必要があります。

・〈公社〉〈公団〉ではない新しい地域型ソーシャルセクターの構築が団地再生には欠かせません。

ここでは、計画論について説明を加えます。当初の団地は、いわゆる郊外団地であり、徐々に周辺が住宅化・市街化されてきました。団地再生を考えるのに、市街化の現状を踏まえると、団地の枠組みから解放された発想が問われます。宇部市の郊外市営住宅再生は、戸建てと集合が混合した街区再生手法でしたが、地域の特徴に応じて、住商混合街区への再生もあれば、農住混合街区への再生も考えられます(図⑤)。〈都市戦略〉から見た団地再生のプログラムと空間像を考えて、多様な生活者ニーズに対応しなければなりません。

業務領域を拡大する「新・建築士」の役割

総合的まち再生によって、生活者が質の高いサービスを得るとともに、資産となるまちをつくるためにも、物づくり・街づくり・生活づくりに深くかかわる建築士が専門家として機能する新たなしくみをつくる必要があると考えています。団地再生という複雑化する事業に対応して、建築士の業務も多様に専門分化し、企画・調査から設計、建設、維持管理まで、その業務領域は拡大しています。

日本建築士会連合会「地域貢献活動推進センター」は、１９９７年以降、地域社会発展に寄与するために、地域のまちづくり活動を行おうとする建築士への支援を行ってきました。「地域貢献活動推進センター」と連携し、２００８年12月現在まで、41都道府県の各建築士会で延べ７７９活動団体による多様な活動成果が得られています。しかし、その多くは、ボランティア活動中心であったため、建築士のもつ専門家としてのさまざまな能力を発揮できる活動にまで至らずに終わってしまっているのが実態でした。

総合的まち再生の計画立案から設計、建設、維持管理などの各プロセスに、生活者と専門家である建築士が新たな体制のもと主体的にかかわることで、公共セクターや民間セクターだけでは思うように進まない団地再生に対して、その切り札ともなる「地域社会開発事業」と称する新しい性格のハードとソフト事業が生み出されることにも着目しています。地域型ソーシャルセクターが行うソフト事業に着目すれば、公共や民間が通常行う維持管理だけでなく、付加価値を育んでいくような維持管理やイベント、公益的なサービスなどが行われることになります。なによりも建築デザインやまちの景観を向上させる活動に期待しており、冒頭で述べた集合住宅の問題を解決することと考えています。

※本文は２００９年4月7日に行ったヒアリングをもとに取りまとめたものです。（文責・済藤哲仁）

ヨーロッパの団地に学ぶ

「住まいの楽しさ」は遊び心と温かい気持ちから

全国有料老人ホーム協会 参与 寺澤達夫

てらさわ・たつお
東京大学建築学科卒。マサチューセッツ工科大学経営大学院卒。清水建設株式会社在職中に日本初の高齢者ケア米国合弁会社の設立に関与。以降、高齢者住宅分野を専門とする

日本の団地は無機質で画一的なデザインが多い。しかし、ヨーロッパでは、見る人も住む人もなごませる多様な形と色彩の団地が存在する。既成概念にとらわれない自由な設計が再生へのカギとなる。

1965年夏（47年前）

今を去ること47年前、大学建築学科の学生だった私はIAESTE（日本国際学生技術研修協会）の第1回研修生として横浜から船に乗り、欧州へと旅立った。ウラジオストク→ハバロフスク→モスクワ→レニングラード（現サンクトペテルブルグ）と、シベリア鉄道、航空機などを乗り継ぎながら、当時ようやく観光旅行者へ門戸を開いたソ連（現ロシア）を通って、フィンランドのヘルシンキへ渡った。フィンランドで著名な建築家であるアルバ・アールトのスタジアムなどを見学したあと、酒飲みと喫煙者を満載した連絡船でスウェーデンの首都ストックホルムに渡り、世界建築学生会議に参加するため数日滞在した。会議へ参加する傍ら、当時話題の最新鋭ニュータウンの見学に出かけた。

■ファルスタ

第二次世界大戦後には欧州各地で大量の住宅供給が必要になり、歴史が刻まれた都市中心部ではその建設が困難なため、周辺地域での団地やニュータウンの建設が旺盛に進められてきたが、戦後20年を経て自動車の普及が進んできたこともあって、新しい考え方をもった団地・ニュータウンが開発

され、主として若年・壮年勤労層が居住した。ファルスタはその代表的な例である。

市街から約17㎞の郊外へは新設の地下鉄が通り、駅を降りると市街区とは違う新世界が展開していた。ニュータウン全体は当時増大しつつあった車と歩行者の動線が完全に分離された道路計画がされており、6住区（1住区5000人〜7000人）約3万5000人が居住できる居住環境であるが、そのコンセプトの先進性と実際見た住区に、単純に新鮮な感動を覚えた。

スイスへ到着

その後、オランダ→英国→パリ→西ベルリン→ミュンヘンへと旅を続け、西ベルリンでは、まだ東西ベルリンに分離されていたことから、まち全体が一種異様な緊張感に包まれている雰囲気を体感した。

実は欧州へ行く前からヒッチハイクをしようと決めていて、フィンランドのデパートで買い求めた背負子にスーツケースをくりつけ、ミュンヘンからはユースホステルを利用しながらヒッチハイクの旅を敢行した。途中、夜勤帰りの郵便局員の新婚夫婦の家で朝食をごちそうになったり、ベンツのセールスマンに乗せてもらって職場の愚痴の相手をしたりして、ようやくスイスのチューリヒ近郊のまちの都市計画・設計事務所に到着した。

夏のさなかで研修は9月からなので、横浜からの船で知り合った高田光政氏（日本人で初めてアイガー北壁を初登攀。新田次郎著『アイガー北壁』に実名で登場）をアイガー北壁登攀前にテントに訪ねたり、スイス各地を見学したりした。

ハーレン・ジードルング

スイスのベルンから20㎞足らずの川沿いの森林に新しい斜面住宅団地があるというので、見学に行った。

建築家として有名なル・コルビュジエの流れを踏襲したベルン在住の6人の建築家がアトリエファイブというグループをつくり、ハーレン・ジードルングと称する斜面利用の団地を計画・建設したのだが、今では珍しくもない斜面利用の団地は、当時では新しいスタイルの団地として世界で注目を浴びていた。

団地は離れたところから見るとその存在がほとんどわからないほどで、敷地の緑（森林）を活かして計画されており、メゾネットスタイルの住戸をタウンハウス風に連続して配置していた。開発は1959年から1961年にかけて行われたが、現在でも十分に通用する環境重視の団地づくりの例であろう。

この団地のコンセプトはその後日本でも取り入れられ、横浜市などの集合住宅地に応用されたと聞いている。

スイスでの生活

スイスの事務所では、もっぱら旧市街区のアパートの図面起こしに専念していた。ご存じのように市街区には大変古い建造物が多く、たまたま研修先の事務所が市街区域の図面化の仕事を受けたためであったが、毎日先輩所員と一緒に巻尺を持って現場で採寸を行っていた。

もちろんその一方では、郊外でのアパート(日本でいうマンション)の新築の仕事があり、新築と改修・保全が同時進行していることを実務で体験できた。

余談であるが、この事務所で毎月給料が出て、当時で3万5000円頂いていた。日本では夢のような週休2日制で、その後日本で就職したら、初任給2万5000円、土半日曜休になり、がっかりしたのを覚えている。

1980年(32年前)

時は移り、その15年後、私は米国からの帰路、スウェーデンの友人宅に立ち寄った。15年前に訪ねたファルスタへは都合で行けなかったが、友人にファルスタのその後はどうなっているか聞いてみた。

友人いわく「あそこは今、高齢者が多いタウンになっていて、若い人たちは皆ストックホルムの市内に住むようになっている」。かつては若い勤労層が住むまちであったファルスタは、今では敬遠されている! と聞いた。若年層がより利便性・サービス性の高い市内を選択しているトレンドを知って、最初に訪問したときの新鮮な感動があっただけに、やや寂しい思いをもつと同時に、ニュータウンも居住者とともにエージングしていくことを実感させられた。

ファルスタと同様にかつて訪れたハーレン・ジードルングもどのようにエージングしているかは実際に行ってみないと実感できないだろうが、おそらく同様の傾向を示しているのではなかろうか?

2010年(2年前)

この年の6月にたまたま南ドイツの諸都市を訪れる機会を得た。45年前にヒッチハイクをして以来の南ドイツ訪問であり、感慨もひとしおであった。汽車で一人ぶらぶらと温泉地やら古いまちやら行ってみたが、その1つとして思わずにっこりしたアパートメント(マンション)に出会ったのでご

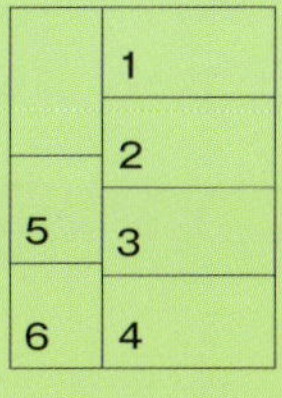

1. ハーレン・ジードルング。スイス・ベルン近郊(1965年)
2. ファルスタ・ニュータウン。スウェーデン・ストックホルム郊外(1965年)
3. スイスのまちなみ(2000年)
4. フンデルトバッサー設計のマンション(ダルムシュタット市)。ロシア正教風尖塔がアクセントになっている
5. 多彩な色を使った塗り壁の外壁
6. マンション中庭を流れるせせらぎ

紹介したい。

■百水さん設計の色つきマンション

百水さんというのは、フンデルトバッサー（日本語に訳すとフンデルト＝百、バッサー＝水）という奇妙な形と多彩な色彩の外壁デザインを多用する欧州では異端とみなされている建築家で、日本では大阪のある都市のゴミ焼却場を設計して話題をまいた。彼がダルムシュタットというまちの中心からちょっと外れたところに、外壁に幽玄な色彩を使い、形も波を打っているようなプランのマンションをかなり前に設計した。現在使用されているのだが、聞けば空き室はないそうで、その形と色のユニークさからか、わざわざこのマンションを見学に市外や外国からやってくる人も多いという。写真にもあるが、ご丁寧に屋上にはなにやらロシア正教会の尖塔らしきものなどもついている。

私はそこに案内されたとき、思わずにっこりとしてしまった。なにか人をなごませるような、ホッとさせるような雰囲気を感じて。この人は遊び心と温かい気持ちをもって設計している、と直感した。おそらく実際に見てみないとそういう感覚にはならないと思うと残念だが、私はそこに「住まい」の1つの原点を見た思いがした。それはいってみれば「近づけば近づくほどそこに行くのがうれしく、楽しくなる」感情だろうか？

外から見ても、中に入っても、住んでいる人が楽しくなる住まいが、まさにスイートホームではないか！

これからの団地・マンション。新築であれ再生修復であれ、縦横四角の堅い形状、色調から脱却することで、新しい「住まいの楽しさ」が生まれてくるのではないか、と思わせる例として写真紹介したい。

団地の記憶を引き継ぐために

面影を残しながらまちを更新する

第6回団地再生卒業設計賞　内田賞　新山直広

もともとあった風景が跡形もなく失われることは、歴史の文脈を断ち切ってしまうことになる。団地の記憶を引き継ぐために、専門家の立場で何ができるか。丘陵地の復元、団地の「お葬式」など斬新な試みを紹介する。

にいやま・なおひろ　1985年大阪府生まれ。2009年京都精華大学芸術学部デザイン学科建築分野卒業。株式会社応用芸術研究所勤務を経て、2012年より地方公務員としてまちづくりと地場産業の振興に携わる

ある日突然、原風景がなくなった

見慣れた風景がなくなることで、なんとなくやりきれない気持ちになってしまう、皆さんにはそういう経験がありませんか。

数年前、子どもの頃よく遊んでいた団地が取り壊されました。このとき自分の原風景はもちろん、幼少期の思い出までもが消し去られたような気持ちになり、しばらくの間ぼう然と立ちすくんでしまったのです。そして、このとき感じた喪失感が、のちに団地再生を考えるきっかけになるのでした。

スクラップ・アンド・ビルドから団地再生を考える

都市は絶えず足りないものを補完し、新陳代謝を行いながら変化していくものです。ただ、現代の日本は世界でも有数のスクラップ・アンド・ビルド大国であり、いつもどこかで工事中。再開発で元の敷地の原型をとどめないケースも多くあります。これでは新陳代謝どころか歴史の文脈を消してしまうようなものであり、現に再開発後に旧住民が戻ってこないということもあるそうです。

人が一度信頼を失うと回復するのに時間がかかるように、コミュニティも一度消えてしまうと再構築させることは非常

に困難です。もしかするとニュータウン問題はある意味で社会の縮図ではないかと考え、当時、大学で建築を学んでいた私は、生まれ故郷である千里ニュータウンの団地再生を卒業設計のテーマにしたのでした。

千里ニュータウンの地形について

団地再生を考えるにあたって、「記憶を引き継ぐ」ということを考えつつも、その一方でこれからの時代情勢を踏まえ、少子高齢化やライフスタイルの変化を考えたうえでの適切な計画が求められました。それには、その場しのぎ的に老朽化した建物を補強したり、設備を入れ替えるだけでは抜本的な解決にはなりません。

そこで着目したのが千里ニュータウンの「地形」です。開発前の千里ニュータウンにはもともと「千里丘陵」と呼ばれるゆるやかな丘群が幾重にも連なっていました。通常、建物を建てる際は敷地が傾斜地なら傾斜をなくすことがあたりまえであり、千里ニュータウンも例にもれず開発時に切り開かれてしまったのですが、今でも地形の面影を至るところで垣間見ることができ、団地が整然と建ち並ぶ姿と地形の起伏のギャップが現在の景観構成に大きな影響を与えています。もしかすると地形を活かすことで、今までと違った団地再生ができるのではないか。そう考えた私は、地形を再生することで記憶を引き継がせるというプランを考えたのでした。

記憶を引き継ぐように団地を再生させる

卒業設計のタイトルは「継街《つぎまち》」です。この計画では取り壊される予定の団地を対象に、壊して建て替えるのではなく、造成された団地の区画に開発前の丘陵地を復元させることを試みました。丘陵地を復元することで団地は覆われ、その時点で老朽化した団地は住居としての役割を終えます。そして団地の躯体である壁面を残してあげることで、取り壊された住居部はコートハウスのような中庭に生まれ変わり、残された壁面の周りには丘陵地の地形と呼応した新しい居住空間が形成されます。

つまり表裏が入れ替わることで、リバーシブルに着られる服のように、既存の団地の壁面を基点にして表と裏が反転することで、居住空間が入れ替わるというわけです。

この操作により、新たな居住空間は、以前の画一的な間取りではなく、地形の形がそのまま形に現れていることにより、ライフスタイルの変化に対応したプランになります。また復元された丘陵地は、そのまま屋上緑化になることで、環境にも配慮した緑のランドスケープとして更新されます。そうす

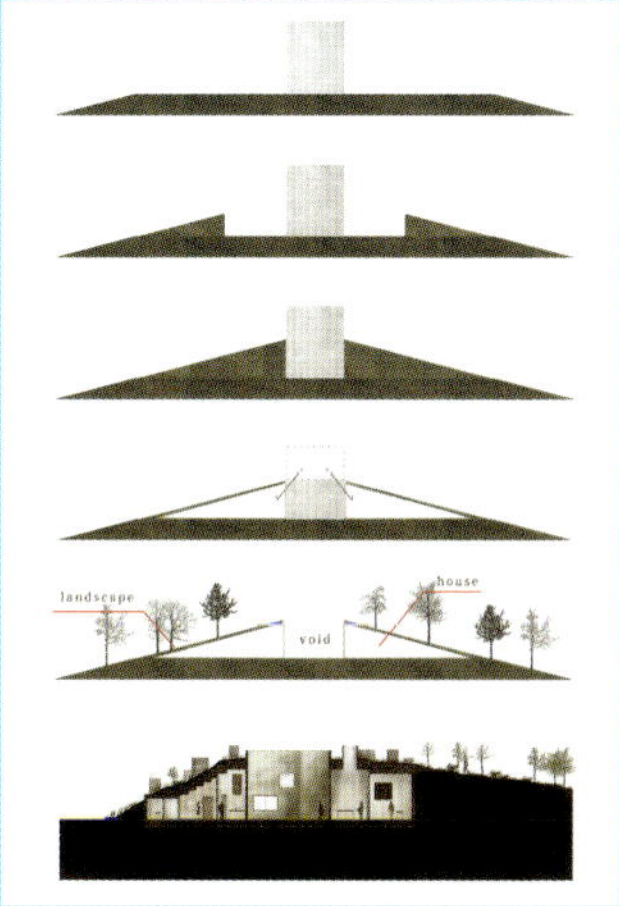

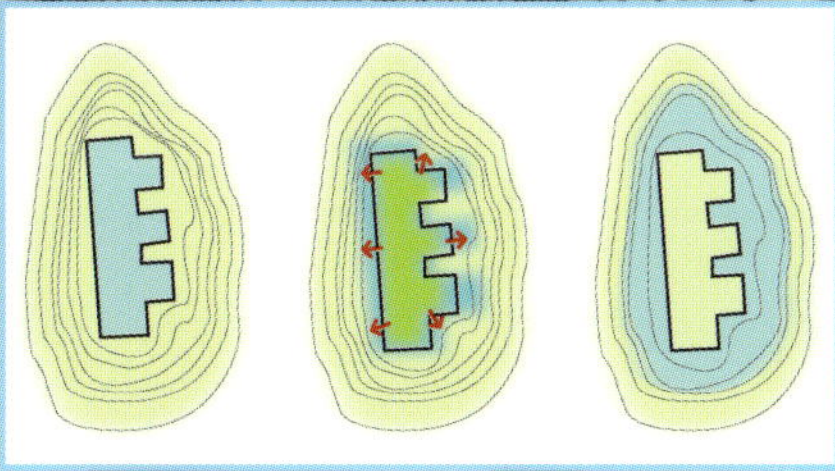

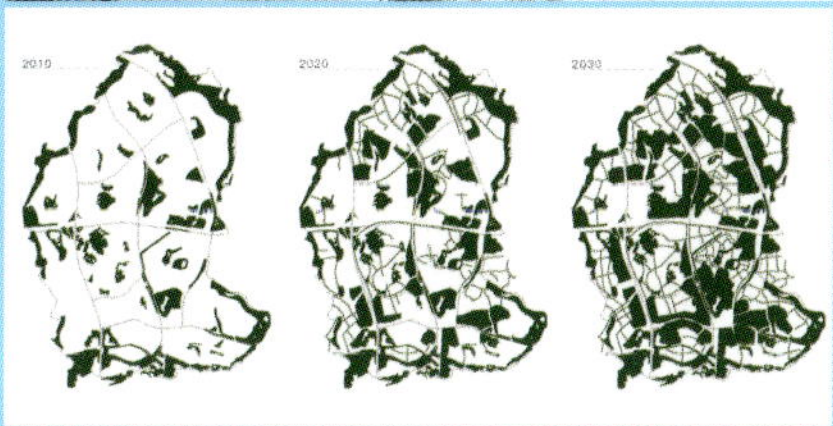

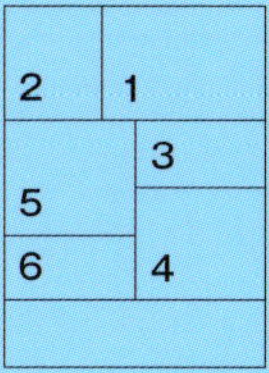

1. 地形が切り崩された1962年頃の千里ニュータウンの建設現場
2. 地形を戻していく更新ダイアグラム
3. 内部と外部が入れ替わることで団地が更新される
4. 地形の形がそのまま空間に現れる
5. 更新後のランドスケープ
6. 更新することでグリーンネットワークが広がっていく

ることで、既存の団地の面影を残すことができ、記憶を引き継ぎながら団地の更新ができるのではないかと考えたのでした。こうして老朽化で取り壊される団地の街区は緑地帯として更新され、やがて更新が進むにつれ緑地帯は点と点が線になり、数十年後には新旧の緑地帯が面でつながり、千里ニュータウンは緑のネットワークで覆われるという計画です。

以上が卒業設計の内容なのですが、この計画は団地再生支援協会が主催している「第6回団地再生卒業設計賞」にて最優秀賞である「団地再生卒業設計賞　内田賞」を頂くことになりました。

団地のお葬式をあげた

卒業設計を終えてホッとしつつも、私はまだやり残していることがあるような気がしてなりませんでした。

卒業設計はある種、机上の空論であり実際に建つことはほぼあり得ません。今の自分が社会に何かしら発信できることはないのだろうか。考えたすえに、友人たちとあるパフォーマンスを敢行しました。それは「団地のお葬式をあげる」というものでした。

パフォーマンスを行った吹田市青山台地区は当時、老朽化で解体寸前の団地が数棟並んでおり、まさに団地としての一生を終えようとしていました。そこで団地が取り壊されると同時に、周囲の仮囲いに黒い幕を張りつけ、お葬式というアイコンを使ってスクラップ・アンド・ビルドを可視化させることで、団地があったという歴史や風景を、まちの人たちに記憶としてとどめてもらおうとしたのです。

少々ラディカルな方法ではありますが、建てるだけではない、発信の仕方のきっかけが見えたような気がし、今後の自分のスタンスに非常に影響を与えることになりました。

地方に学ぶこと

現在私は、縁あって福井県鯖江市の河和田という地域にIターン移住し、地域のまちづくりに携わっています。

私が住む地区は、高齢化と空き家の増加が地域としての問題になっています。これは団地でも同じ問題を抱えているのですが、都会と地方で圧倒的に違うのは、同じ問題を抱えるなかでも地方は高齢者がとても元気なことです。まちを歩いていたらあいさつなんてあたりまえ、おすそわけはもちろんのこと、なぜか近所のおばあちゃんのお宅に泊まりに行くなど、地域の共同体としてのつながりに非常に驚かされる毎日です。生き生きとした生活はこういうものなのかと、残念ながら地域交流が少なかった団地出身の私にはこれらの経験は

After：取り壊されると同時にお葬式をあげる

Before：解体前の団地

大きな衝撃でした。

消費地偏重の世の中ですが、コミュニティを持続させるには、まだまだ地方から学ぶことは多いのではないかと思います。

建築という職能を拡張させることで未来をつくる

今の時代は「無縁社会」という言葉があるぐらい、孤独な世の中です。この複雑な問題を解決するためには、ハード面の整備ももちろん必要なことですが、ソフト面にも目を向ける必要があるのではないでしょうか。

建築という職業は、指揮者にたとえられるように、俯瞰的に物事の動きに敏感になることが必要であり、これからの時代を考えるとハードとソフトの両輪を意識していかないといけないなと思います。

そして、今後団地再生を考えるうえでは地域を担えるような人材育成がこれからの社会構築のカギになるのではないかと思い、自分もその一端を担えるよう努力したいと思います。

団地再生に取り組む——活動報告

- 都市住宅学会関西支部「住宅団地のリノベーション研究委員会」
- 都市住宅学会中部支部「住宅市場研究会・住宅再生部会」
- 独立行政法人 都市再生機構 技術研究所
- NPO 法人 ちば地域再生リサーチ
- NPO 法人 多摩ニュータウン・まちづくり専門家会議
- 一般社団法人 ESCO 推進協議会
  (Japan Association of Energy Service Companies : JAESCO)
- 一般社団法人 団地再生支援協会

都市住宅学会関西支部

「住宅団地のリノベーション研究委員会」

主査／武庫川女子大学 教授 大坪 明

団地再生の具体化に向けた取り組みを推進

都市住宅学会関西支部「住宅団地のリノベーション研究委員会」は、２００２年に発足して以来、今年で10年目を迎える。関西支部のなかでは現在のところもっとも長く活動をしている委員会である。

本研究委員会が発足した当初は、「団地再生」や「団地のリノベーション」といっても、一部の研究者の間では話題となっていたが、世間一般の口の端に上ることはまずなかった。それが、ここ数年マスコミでも取り上げられるようになり、社会的な問題であるという認識がようやく広がってきた。そして再生のメニューも、当初は建て替え一辺倒であったものから、単に物理的環境の更新だけでなく、ソフトなマネジメントも含めて団地を含む地域を活性化させることが団地を再生させることにつながるという認識が、徐々に広まってきた。

都市再生機構においては、「ルネッサンス計画」として既存住棟を活用するノウハウの開発・収集・実践を行うと同時に、団地マネジャー制度を導入して個々の団地の特性に合わせたソフト・ハードの対応をする体制を整えつつある。したがって、「団地再生」はようやく緒に就いた段階だと

2011年度向ヶ丘第一団地ストック再生実証試験成果報告会

いえるのではないだろうか。その意味では、本研究委員会としてもまだまだ取り組むべきテーマが出てきているところである。

ここ数年は、再生の具体化に関する取り組みを行っているところである。まず、本研究委員会のメンバーが入り都市機構の「ルネッサンス計画」の一環として実施された西日本支社の「向ヶ丘第一団地ストック再生実証試験」による住棟の物理的改修に関して、改修住棟の見学会と試験結果の報告会（2010年度）、および改修住棟での居住実験の結果の報告会（2011年度）を、都市機構との共催、団地再生支援協会の後援で実施した。これらでは、第8回および第9回の団地再生卒業設計賞展大阪展を、それぞれ同時に開催してきた。

また、一方では関西の複数大学の学生が高経年団地の住戸を改修し、多様な使い方が団地再生に資するという想定のもとに、そのような使い方が可能であることを実証し、その成果を発表することも2007年、2008年、2010年と実施してきた。

さらに、これらの報告会や発表会の際に来場された団地居住者の方々とのご縁で、本研究会メンバーの一部が個別団地を訪問し、その再生についての議論を住民の方々と行っているところでもある。

しかし、リノベーションの場合は、建築基準法、都市計画法、さらに分譲団地にあっては区分所有法等におけるさまざまな法的縛りがあり、それらを解きほぐすことが必要になってくる。まずは、その課題のありかを明確にすることが肝要であり、まだまだ、取り組むべきテーマは多い。

都市住宅学会関西支部
「住宅団地のリノベーション研究委員会」

概　要

シンポジウムや講演会、団地再生卒業設計展の開催、ストック活用目的の住戸・住棟の改修現場視察および研究会での報告、海外視察の報告などを通じて、団地再生の具体化に取り組む。

連絡先

武庫川女子大学 生活環境学部 生活環境学科
大坪研究室
〒663-8558 兵庫県西宮市池開町6-46
TEL & FAX：0798-45-9865（Dial-in）
E-mail：a_otsubo@mukogawa-u.ac.jp

第9回団地再生卒業設計賞展大阪展の展示風景

都市住宅学会中部支部

「住宅市場研究会・住宅再生部会」

椙山《すぎやま》女学園大学 生活科学部 教授
村上 心

名古屋圏の団地再生プロジェクトを活性化

「名古屋」大都市圏は、名古屋都心から半径約20㎞の名古屋市圏域と、都心から20～40㎞の範囲に散在する多核的都市圏域から構成されている。名古屋市圏域の境縁部には、千里ニュータウン（以下、ＮＴ）・多摩ＮＴと並んでわが国でもっとも古く（１９６５～１９８１年）開発された大規模ＮＴ「高蔵寺ＮＴ」が立地しており、それを境として都心側には集合住宅団地が、郊外部側には戸建て住宅団地が主にストック形成されている。現在、いずれもが、大規模再生か建て替えかという選択肢を迫られる時期にある。郊外戸建て住宅団地では、数%～三十数%の空き地・空き家が生じており、この活用方法の策定も課題となっている。

これら名古屋圏の団地の再生への取り組みをさらに活性化することを目的として、都市住宅学会中部支部内に住宅市場研究会・住宅再生部会（代表：村上心）を２００７年２月に設立した。メンバーは、住宅・団地再生に興味をもつ設計者・施工業者・住宅メーカー・部品メーカー・宅地開発業者・住宅供給業者・公務員・公的住宅供給組織員・ジャーナリスト・研究者など三十数名である。年数回の「研究発表討議会」のほかに、年1～

2011年９月、「高蔵寺ニュータウンの未来像」をテーマに開催した「団地再生シンポジウム」

2回の「見学会」、年1回の「団地再生シンポジウム」と展示会「団地再生卒業設計展」や共同研究などを行っている。

「研究発表討議会」は、研究者・学生と、民間メンバーとが交互に発表を行い、各々の活動に対して、相互の視点からコメントと討議を行う形式を採っている。

11年度からは、部会内の分科会として、「高蔵寺NT再生研究会」を立ち上げ、研究者と学生、NT内のNPO、商工会議所青年部、公的主体などをメンバーとして、研究活動や再生活動を行っている。

「団地再生シンポジウム」は、秋に毎年開催している。たとえば、08年度は「建築再生の進め方―ストック時代の建築学入門―」（市ヶ谷出版社）の都市住宅学会著作賞の受賞記念として、著者のうち、東京大学教授・松村秀一氏、㈱アークブレイン代表・田村誠邦氏、明海大学教授・齊藤広子氏、村上心の4名で、講演とディスカッションの場をもった。11年度には、「高蔵寺ニュータウン」を取り上げたディスカッションを行った。

部会の共同研究テーマとしては、①「中古住宅ストックの評価手法に関する研究」、②「市営住宅政策に関する研究」、③「集合住宅再生技術に関する研究」、④「高蔵寺ニュータウン再生研究」などに取り組んでいる。

東海地域では、団地・集合住宅にかかわる住民、設計・施工の実務者、所有者、管理者、部品メーカー、エネルギー関連会社、研究者などの団地再生への注目と期待が高まっており、さまざまな立場から同じ方向へ向けられた意識の高まりを統合するプロジェクトの実現が求められている。

都市住宅学会中部支部
「住宅市場研究会・住宅再生部会」

概　要

年数回の「研究発表討議会」、年1 ～ 2回の「見学会」、年1回の「団地再生シンポジウム」・展示会「団地再生卒業設計展」、共同研究など

連絡先

椙山女学園大学・生活科学部・村上研究室
〒464-8662 名古屋市千種区星が丘元町17-3
椙山女学園大学・生活科学部・生活環境デザイン学科
TEL：052-781-1186
FAX：052-782-7265（村上研究室宛）
E-mail：shin@sugiyama-u.ac.jp

基調講演を行った首都大学東京の角田誠教授

独立行政法人 都市再生機構 技術研究所

所長 渡辺恵祐

UR都市機構による「ルネッサンス計画」

少子・高齢化、および人口・世帯減少社会の到来などの社会的背景のもと、持続可能なまちづくりという観点から、既存の住宅をできるだけ長期間活用することが求められるようになっている。

現在、全国に約76万戸あるUR賃貸住宅のなかで、大量供給が集中した昭和40〜50年代前半にかけて建設された住宅が全体の約6割を占めているが、これらの多くは現代の生活に求められる居住水準に比べて、エレベータが設置されていない、住戸規模が小さい、天井高・梁下が低い、遮音性・断熱性に劣るなど、通常の修繕やリニューアルでは対応しきれない構造的な課題を多く擁している。

UR都市機構は、これらの既存住棟を再生し有効に活用するための実験的な試みを「ルネッサンス計画」として位置づけ、ハード、ソフト両面での再生手法について検討を進めてきた。

ルネッサンス計画1「住棟単位での改修技術の開発」は、住棟改修というハード面での再生手法として、階段室型住棟のバリアフリー化、現代の生活にふさわしい内装・設備への改修、景観にも配慮したファサードの形

ルネッサンス計画1　試験施工完了後ひばりが丘団地（東京都東久留米市）

成などについて、解体予定の住棟を活用して実証試験を行ったものである。ひばりが丘団地（東京都東久留米市）、および向ヶ丘第一団地（大阪府堺市）において、技術提案の公募により共同研究者を選定後、それぞれ3棟の住棟について、設定した改修テーマに基づいて、エレベータの設置や住戸規模の拡大、遮音性能等の住宅性能の向上など、構造躯体に及ぶ大規模な改修技術の試験施工を網羅的に行った。また、試験施工完了後は半年から1年にわたって現地の一般公開を行い、多くの業界関係者や団地にお住まいの方などから貴重なご意見、評価をいただいた。

ルネッサンス計画2「住棟ルネッサンス事業」では、ルネッサンス計画1の技術的成果を踏まえ、民間事業者の創意工夫を活かした新たな住棟の活用というソフト面での再生手法について、社会実験的に事業化を行った。多摩平の森（東京都日野市）において、建て替えに伴い空き家となった5棟の建物を3者の民間事業者にスケルトン賃貸し、各事業者の企画・設計により改修工事を行ったうえで、シェアハウス、菜園付き住宅、サービス付き高齢者向け住宅および多世代向け住宅として再生し活用している。

また、これらのプロジェクトを通じて蓄積されたストック再生のノウハウを活用し、団地の再生を進めながら、公共団体や、自治会や民間事業者などと連携して、まち全体の活性化を進めるプロジェクトも始まっている。

都市に存在する団地は、その立地や空間的余裕、豊かな緑など、まちにとっても貴重な資産であり、この有効活用、再生を拠点としてまち全体の再生につなげていく必要がある。

独立行政法人 都市再生機構 技術研究所

概　要

UR都市機構の調査研究・技術開発部門として、住まいづくりに関連するハード分野の技術を中心とした研究を行っている。

連絡先

〒192-0032　東京都八王子市石川町2683-3
TEL：042-644-3751
FAX：042-644-3755
URL：http://www.ur-net.go.jp/rd/

ルネッサンス計画２　AURA243多摩平の森（東京都日野市）［菜園付き賃貸住宅、貸し菜園］

NPO法人 ちば地域再生リサーチ

事務局長／千葉大学 助教
鈴木雅之

住まい・まちづくりの専門集団として

NPO法人ちば地域再生リサーチは住まい・まちづくりの専門集団として、地域の方々とともに、住まいと暮らしのサポートを中心に魅力あるコミュニティづくりとまちの再生を実践している。活動の対象は千葉市の海浜ニュータウンの高洲・高浜団地で、築後30年〜40年を経過し、団地や住宅の老朽化、空き家の増加、住民の高齢化など、いわゆるニュータウンや団地に特有なさまざまな課題を抱えている。地域の方々との活動は9年目となり、次のような6つの魅力あるまちづくり活動へと展開してきている。

■住まいのリペア・リフォーム

設立当時からの活動で、古くなった団地や住戸に長く住みつづけられるようにリペア（修繕）とリフォームをサポートしている。活動を通して、実績と経験を積みながら、より新しい課題やニーズに対応するために革新的なリペア・リフォームメニューを展開してきている。

■暮らしのワンストップ・サービス

設立当時は安否確認のしくみを内蔵する買物・宅配サポートであったが、さらに団地の暮らしにあるべき提案をするために、ここに来れば困っ

NPO法人 ちば地域再生リサーチ　6つのまちづくり活動

活動	内容
住まいのリペア・リフォーム	リペア・リフォーム設計、専門リフォーム（高齢者最小限リフォーム、デザイン・リフォーム、DIY サポート）、マンション改修設計・建て替え計画コンサルティング、リフォーム・セミナー開催
暮らしのワンストップ・サービス	高齢者と子育て支援の生活ワンストップ・サービス（買い物・宅配サポート、居場所づくり）、マンション管理組合支援
地域文化の創造	団地学校（親子の教室、趣味教室、男のプロ教室など）、コミュニティアートによる地域イベントづくり
コミュニティ経済の振興	商店街・個店支援、不動産流通支援、民間企業との連携、商業振興セミナー開催
市民による街の未来づくり	エリアの市民マネジメント（自治会などの市民団体や行政との連携）、団地再生協議会サポート
団地再生研究コンサル	マンションの生活・管理実態調査研究、マンション空き家活用研究、商店利用圏・活性化調査研究、リフォーム技術開発研究、公益施設評価研究、暮らしやすさ評価研究

ているごとが解決できて、暮らしを豊かで安全・安心にするためのサポートが受けられるワンストップ窓口へと進化している。住民個々の暮らしだけでなく、団地の管理組合のサービスにも対応している。

■ 地域文化の創造

地域課題の解決だけでなく、地域の人々がコミュニティの文化を育て、誇りと愛着をもって住みつづけたいと思う地域の価値をつくるという発想から、団地学校やコミュニティアートの活動を進めている。

■ コミュニティ経済の振興

ニュータウンや団地の衰退する商店街を活性化するための空き店舗を活用したコミュニティ施設の運営や、停滞している住宅の中古流通をリフォーム事業とを組み合わせて促進することなどの、地域の経済活動を再生する活動を進めている。

■ 市民による街の未来づくり

住みやすい地域をつくり出すために、住民や自治会・管理組合・地域活動（福祉活動、子育て活動、学習活動など）などの住民組織と協働で、地域の課題を共有して戦略をつくり、活動に移している。行政や企業とも連携しコミュニティの要望を実現するまちの未来づくりにつなげている。

■ 団地再生研究コンサル

住まいや暮らしの向上や改善のために、地域課題の調査研究、海外の先進的な団地再生手法の研究、社会実験を通して、居住環境の評価を総合的に行うとともに改善方法を提案し、実践している。

NPO 法人 ちば地域再生リサーチ
（理事長：服部岑生）

概　要

ニュータウン・団地の再生とエリアマネジメントの会社組織。2003年8月設立。構成員は22人（会員15人、常勤職員3人、非常勤職員4人）。年間の事業規模は約4,000万円。

連絡先

〒261-0004　千葉県千葉市美浜区高洲2-3-14
TEL & FAX：043-245-1208
E-mail：ask@cr3.jp
URL：http://cr3.jp

「暮らしのワンストップ・サービス」の総合窓口

NPO法人 多摩ニュータウン・まちづくり専門家会議（略称＝たま・まちせん）

事務局長 松原和男

ニュータウン再生をめざした「まち&住まいづくり」を展開

２００４年に多世代がともに住みつづけられるコーポラティブ住宅の建設支援をきっかけに、多摩ニュータウンにかかわりをもつ建築、都市計画、ランドスケープなどの専門家が集まり特定非営利活動法人として発足した。２００６年10月には「活力ある多摩ニュータウンを未来に継承するために〜団地再生手法を探る〜」というテーマでシンポジウムを開催し、地域住民とともに団地再生に取り組むことを表明した。

２００８年、多摩ニュータウンで最初に開発された諏訪・永山地区に活動拠点を設け、近隣センターの活性化支援やコミュニティ醸成、高齢者の生活支援などに取り組んでいる。今後は、さらにいっそうの地域の課題解決に向け、地域住民のニーズを実際のまちづくりに活かすため、行政や団地管理者、事業者との協働の要となるよう、専門家集団としての役割を果たしていきたいと考えている。

■多様な世帯が安心して住みつづけられる住まいづくり

設立のきっかけとなったコーポラティブ住宅は23世帯の「永山ハウス」として２００９年７月に完成し、現在は管理組合の支援を続けている。引

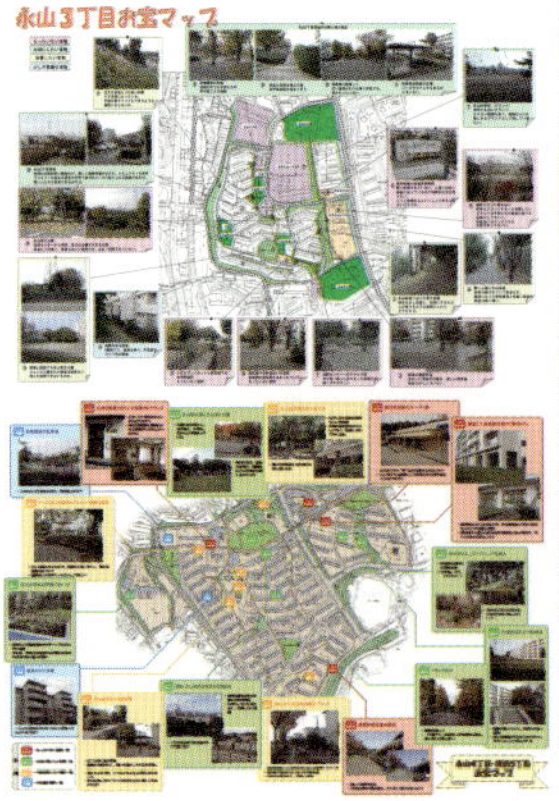

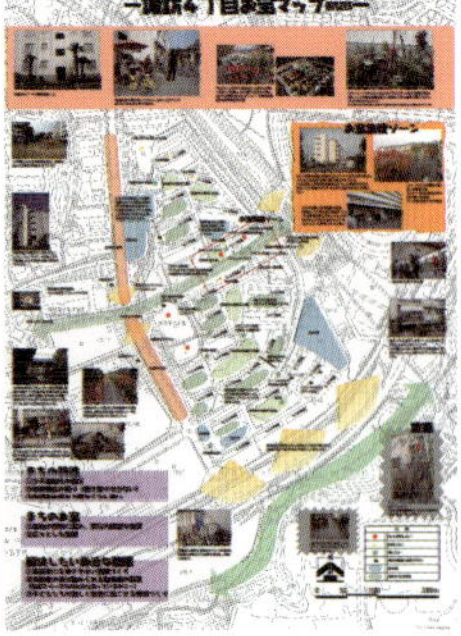

地域住民や学生と一緒に作成した「地域のお宝マップ」

き続き、多摩ニュータウンで新たに多様な世代がともに暮らすことのできる「安気な住まい（安全で気楽に暮らせる家）」づくりに取り組んでいる。

■ 管理組合などに対する団地再生支援

日本最大の建て替え事業として建設が始まった「諏訪二丁目住宅建替事業」に関して、２００６年から２００８年にかけて、事業協力者、事業コンサルタント、設計事務所等の選定委員会の運営をはじめとするコンサルタント的な事務局として組合を支援したほか、多摩ニュータウンエリアの再生にふさわしい団地景観やコミュニティを実現できるよう、関係者による「デザイン会議」の設置、運営を行った。また、団地管理組合に対する外断熱をはじめとする省エネ改修などの支援にも取り組んでいる。

■ 地域住民の生活支援、交流促進

諏訪地区の活動拠点「すくらんぶる～む」における地域住民の交流の場の提供や相談窓口の設置、近隣の大学と連携した高齢者の健康促進事業、一人暮らしのお年寄りなどの住まいや暮らしのお困りごとの解決を目指した「困助工房」などの事業を行っている。

■ 地域の人材交流や情報提供

地域住民や活動団体、専門家などの交流や情報提供の場、学習の場として毎月第３木曜日に「木曜サロン」を開催、２０１２年４月で77回目を迎える。毎年３月には近隣の大学研究室との協働で「学生による地域活動・研究発表会」を開催し、大学研究室や学生の日ごろの活動・研究成果を地域に還元するとともに、住民との意見交換・交流を行っている。

NPO 法人 多摩ニュータウン・まちづくり専門家会議　（略称＝たま・まちせん／理事長：戸辺文博）

概　要

「ニュータウンを愛する生活者として、地域で活動するまちづくりの専門家として、地域のさまざまな課題を解決するため、地域住民との協働によるまちづくりに取り組む」ことを目的として活動。2005年2月法人設立認証。会員数約30名。

連絡先

〒206-0024　東京都多摩市諏訪5-6-3-102
TEL：042-337-5609
E-mail：info@machisen.net
URL：http://www.machisen.net/

近隣大学の学生による地域活動・研究発表会

活動拠点「諏訪・永山すくらんぶる～む」における住まいのお困り事相談会

一般社団法人 ESCO推進協議会
(Japan Association of Energy Service Companies：JAESCO)

事務局長 布施征男

温暖化対策の担い手として

ＥＳＣＯ（Energy Service Company）は１００年ほど前にフランスで生まれ、石油危機以降、アメリカでビジネスモデルとして成長し、現在では韓国、中国など世界40か国以上に広がっている。わが国への導入は１９９６年に始まり、経済産業省「自治体がＥＳＣＯ事業を導入するためのモデル公募要項集」、国土交通省「官庁施設におけるＥＳＣＯ事業導入・実施マニュアル」、環境省「ＥＳＣＯ事業に係る環境配慮契約」などが公表され、さらに民間ベースによる工場やビルのＥＳＣＯ事業も普及している。

ESCO事業の特徴

ＥＳＣＯ事業はお客さまとウィンウィンの関係を築き、電気・燃料の削減によるお客さまの収益改善と温暖化対策に貢献する事業である。ＥＳＣＯは、省エネ改善工事による省エネ効果を保証する点とファイナンスサービスを行う包括的なサービスを提供する点に大きな特徴がある。ＥＳＣＯ事業は、初めに現状を把握するための省エネ診断を行い、その後、改修の提案、契約、改修工事、メンテナンス、計測・検証を行う。省エネ効果を

ESCO事業のイメージ

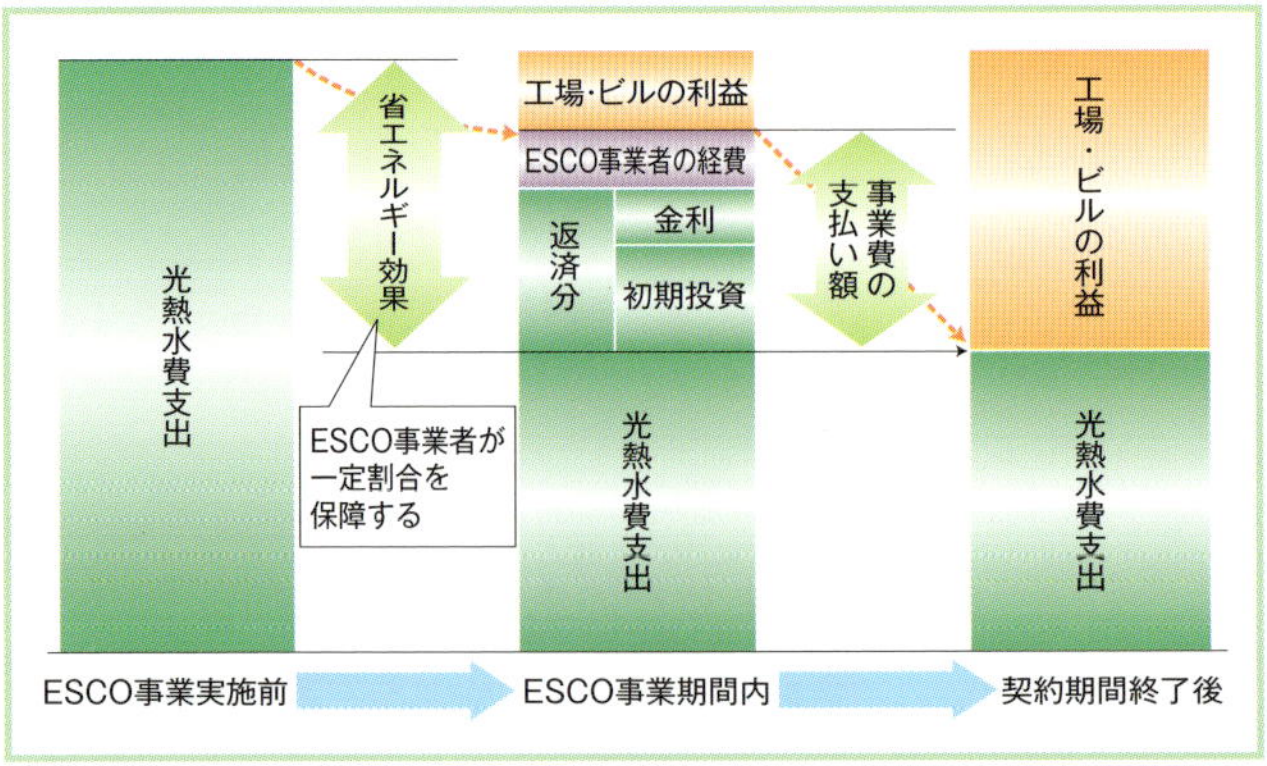

保証することは、お客様と設備の運用を一緒に考察し、省エネ運用マニュアルを確立することである。

団地再生とのかかわり

ESCO事業は通常、住宅は対象としていない。各世帯で使うエネルギー消費量が大きく異なり、省エネ効果を特定して保証することが困難になるからだ。しかし、ESCOのもつノウハウは団地再生の現場でも適用できるものがあり、低炭素型団地再生を図るのに省エネ診断、省エネ設計、計測・検証、ファイナンスサービスなどの手法を引用・活用することもできると思われる。

ESCO推進協議会の活動

1999年に民間のESCO推進母体として発足し、2010年6月、一般社団法人に改組し、2012年3月で117の会員が参加している。コンファレンスやセミナー、研修会の開催、展示会の出展、ニュースレター発刊、講師派遣などを行うとともに、政府への提言、政策協力を行っている。2011年の海外協力では、韓国ESCOやインドネシアESCO、台湾工業会などと交流・情報交換を行っている。

2011年度から再生可能エネルギー設備や省エネ設備などのリース料を補助する環境省委託「家庭・事業者向けエコ・リース促進事業」を実施し、低炭素設備の導入による地球温暖化対策を促進している。

一般社団法人 ESCO推進協議会

概　要

1999年10月 ESCO 事業の民間促進母体として設立、2010年6月一般社団法人化（会長：茅陽一東京大学名誉教授）。

連絡先

〒102-0094　東京都千代田区紀尾井町3-33
プリンス通ビル5階
TEL：03-3234-2228
FAX：03-3234-2323
URL：http//www.jaesco.or.jp

第11回 ESCOコンファレンス「中堅・中小企業の省エネルギー実現に向けたESCO 事業への期待と役割」

一般社団法人 団地再生支援協会

副会長／基礎研究部会長 安孫子義彦

プロジェクト実現のための支援を

本協会は、１９９９年任意の研究会として活動を開始し、２００４年に任意団体団地再生産業協議会を設立、２００９年11月に一般社団法人団地再生支援協会と改称して法人格を取得した。

現在は、全国各地で胎動を始めた団地再生プロジェクトに呼応し、建築計画、都市計画、不動産、行政・金融など多分野の専門家とインタージャンルのネットワークを構築し、具体的プロジェクトの創出と実現を支援している。

本協会は、住宅団地コミュニティの存続と団地住民の安寧に寄与することを目的に左記のような活動をしている。

①団地再生の可能性を調査し、プロジェクトの創出を支援する活動
②団地再生の事業手法、マネージメントにかかわる研究開発
③団地再生にかかわる技術・ノウハウの研究開発
④団地再生プロジェクトを担う専門家の育成とネットワークの構築
⑤団地再生にかかわる広報、啓蒙、教育活動
⑥団地再生にかかわる外部の機関・団体・組織との連携活動

団地再生支援協会の正会員構成（2012年）

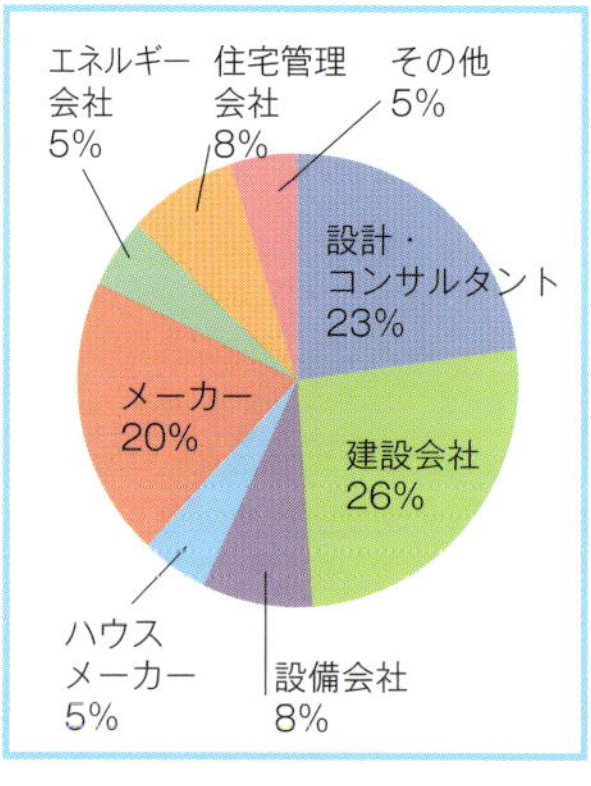

団地再生支援協会の組織図

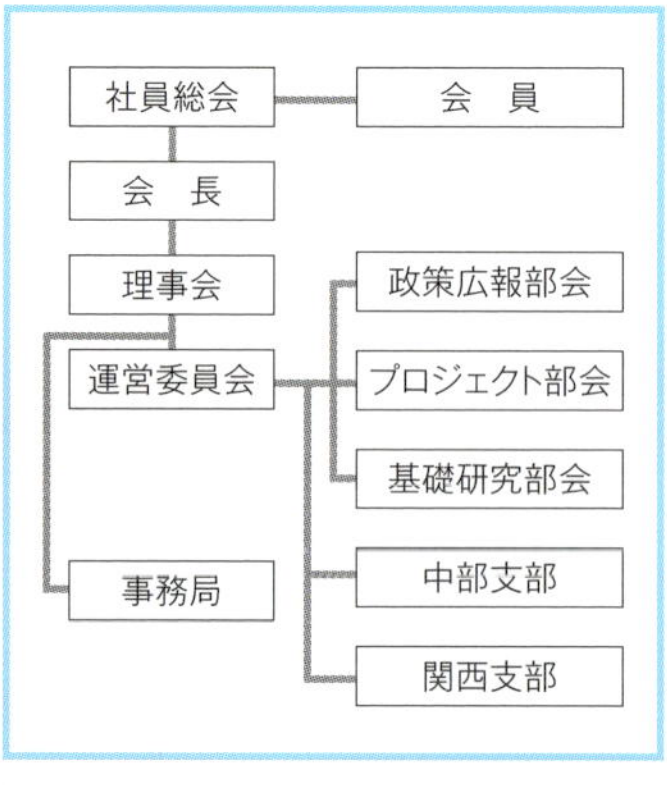

会員構成、組織運営、支援活動実績について

会員構成は団地再生のソフトを担う建築設計事務所、都市開発コンサルタントや、団地再生のハードを担う建設会社、設備会社、メーカーなどの「正会員」、すでに団地再生プロジェクトの途についている管理組合やそれを支援している専門家による「賛助会員」、団地再生に関して一定の業績と社会的貢献のあった個人からなる「特別会員」で構成されている。

正会員は、シンポジュウム、セミナー、出版などの広報活動を行う「政策広報部会」、団地再生プロジェクトの創出、事業性の評価、マネジメントについて研究を行い、その成果を団地再生の実現に活かす「プロジェクト部会」、プロジェクトの実現に必要な建築再生技術、省エネルギー技術、緑化などさまざまな技術・ノウハウを研究し、プロジェクトに提供する「基礎研究部会」の3つの部会のいずれかに所属して活動を行っている。今までの実績は左記の通りである。

①団地再生シンポジュウム・技術セミナーの開催
②団地再生に関する一般を対象とした相談室の開設
③具体的な団地再生プロジェクトへの参加活動
④団地再生に必要な団地再生ガイド・技術資料などの情報提供
⑤団地再生を担うプロジェクトマネジャー育成実践講座の開催
⑥将来の人材育成のための団地再生卒業設計賞の実施
⑦海外視察ツアー、情報交流会の開催など
⑧団地再生に関する書籍の出版

一般社団法人 団地再生支援協会

概　要

活動は、次の機関・組織と連携して進めている。国土交通省・社団法人日本建築学会・社団法人日本建築家協会・NPO日本都市計画家協会・マンション再生協議会・NPO団地再生研究会・明治大学リバティアカデミーなど。

連絡先

〒101-0047　東京都千代田区神田2-11-1
島田ビル2F 株式会社ニスコ内
TEL：03-6825-5557
FAX：03-5256-3550
E-mail：info@danchisaisei.org
URL：http://www.danchisaisei.org/

2012年3月に開催した「第8回団地再生シンポジュウム」

執筆者プロフィール（本書登場順）

大月敏雄　東京大学大学院 工学系研究科 建築学専攻 准教授。1967年福岡県生まれ。東京大学工学部建築学科卒業。同大学院修士課程修了、同大学院博士課程単位取得退学。2008年から現職。長期経過集合住宅の住みこなしや建て替え、戸建て団地における住環境運営（住宅地マネジメント）など建築計画・ハウジング・住宅地計画を研究。著書に『集合住宅の時間』など。

澤田誠二　一般社団法人 団地再生支援協会副会長。前 明治大学理工学部 教授。工学博士。1942年生まれ。東京大学大学院修了。日本とドイツで建築設計・技術開発に従事。清水建設勤務（1982 ～ 2000年）後、滋賀県立大学教授（環境計画専攻）を経て、2002年、明治大学理工学部教授に就任。2012年3月退官。団地再生研究会、団地再生産業協議会の設立に参加。

柴田尚子　株式会社市浦ハウジング＆プランニング。1984年大阪市生まれ。2008年3月京都大学大学院工学研究科都市環境工学専攻修了。同年4月より現職

中村直美　株式会社アークブレイン。1979年東京都生まれ。2004年日本女子大学大学院家政学研究科住居学専攻修了、同大学家政学部住居学科助手を経て、2009年4月より現職

長岡正明　千葉幸町団地自治会 会長。1936年生まれ。会社員。1969年幸町団地入居後、保育所・学童保育運動、自治会活動にかかわる。2000年自治会長。地域関係団体役員

橋本宗樹　武庫川団地自治会 副会長。1949年生まれ。1983年10月、武庫川団地分譲住宅に入居。1986年、1987年と住宅管理組合の理事を経験。1993 ～ 1999年、2009年から武庫川団地自治会副会長を務める

和田真理子　兵庫県立大学政策科学研究所 准教授。東京都生まれ。東京大学文学部卒、東京大学大学院総合文化研究科修了、理学修士（地理学）。都市地理学、都市政策、まちづくりを専門とする

水野優子　武庫川女子大学 生活環境学部生活環境学科 助教。武庫川女子大学大学院生活環境学研究科博士後期課程単位取得退学。博士（生活環境学）。専門は都市計画、住環境計画、まちづくり

堀口久義　堺市建築都市局参与（ニュータウン地域再生担当）。1971年大阪府に入庁、建築部、企業局でニュータウンの開発や密集市街地の再開発など、まちづくりを長く担当。2008年に退職し、4月から堺市で泉北ニュータウン再生を担当

布谷龍司　執筆時：NTT ファシリティーズ シニアアドバイザー。1966年東京大学建築学科修士課程修了後、電電公社に入社。その後NTT 役員などを経て NTT ファシリティーズの社長、相談役などを歴任

岡本 宏　一般財団法人住総研 専務理事。1944年東京生まれ。1967年早稲田大学理工学部建築学科卒業、同年清水建設入社。2003年常務、2008年退職と同時に現職。建築業協会設計部会長、日本建築学会副会長、国交省中央建築士審査会委員などを歴任

河村和久　建築家 / マインツ工科大学 建築学科 教授。1949年福岡県生まれ。東京藝術大学建築科卒業後渡独。アーヘン工科大学工学部建築学科卒業。ケルンにて自営。ライネフェルデ日本庭園など日独交流プロジェクトに参加

佐藤由巳子　佐藤由巳子プランニングオフィス。明治大学建築意匠学博士課程修了。経営修士。前川國男建築設計事務所、財団法人 いけばな草月会を経て、佐藤由巳子プランニングオフィスを主宰。公益社団法人日本医業経営コンサルタント協会広報委員も務めている

市川尭之　東京大学博士課程 / 赤羽台プラス。1984年東京都生まれ。東京大学医学部・工学部卒業、現在、東京大学大学院博士後期課程在籍（建築計画 / ハウジング）

井本佐保里　東京大学博士課程 / 赤羽台プラス。1983年生まれ。日本女子大学家政学部卒業。現在東京大学大学院博士後期課程在籍、日本学術振興会特別研究員（建築計画 / 住宅・教育施設）

秋元孝夫　特定非営利活動法人 多摩ニュータウン・まちづくり専門家会議 副理事長。1949年愛媛県生まれ。東京電機大学工学部建築学科卒業。1977年秋元建築研究所設立、1982年法人化。現在に至る

永松 栄　宮城大学 事業構想学部 教授。1982年東京藝術大学美術研究科修了後、2年半ドイツ・シュトゥットガルト大学等で実務研修。2007年より現職。NPO 団地再生研究会事務局長兼務

倉田直道　工学院大学 建築学部 教授 / 都市デザイナー。1947年長野県生まれ。早稲田大学建築学科、同大学院修了、カリフォルニア大学大学院修了。アーバン・ハウス都市建築研究所主宰。専門分野は都市デザイン

菅原康晃　地の知計画館。1968年北海道生まれ。北海道大学工学部建築工学科卒。同大学院環境科学研究科修士課程修了（環境計画学専攻）。技術士 / 建設部門（都市及び地方計画）。現在は、福島県内にて復興計画づくりに従事

早坂房次　一般社団法人 エリアマネジメント推進協会 理事。早稲田大学政経学部卒。東京電力。経営管理学修士（MBA）。再開発コーディネーター協会個人正会員。NPO 法人 石油ピークを啓蒙し脱浪費社会をめざすもったいない学会理事

星田逸郎　株式会社星田逸郎空間都市研究所。1958年大阪府生まれ。神戸大学環境計画学科卒。2001年株式会社星田逸郎空間都市研究所を設立、都市・集住体・独立住宅などの幅広い計画・設計に従事

石榑督和　明治大学理工学部 助手 / 明治大学大学院 博士後期課程。1986年岐阜県生まれ。明治大学理工学部建築学科卒業。現在、明治大学理工学部助手、明治大学大学院博士後期課程 建築史・建築論研究室所属

生田京子　名城大学 理工学部 准教授。1971年東京都生まれ。1995年早稲田大学大学院理工学研究科修了。2005年名古屋大学環境学研究科博士課程修了。名古屋大学助教授、准教授を経て、2010年より現職

千代崎一夫　住まいとまちづくりコープ 代表。マンション管理士・第1種電気工事士。長期営繕計画作成、大規模改修・耐震補強工事などのコンサルタント、規約や管理システムの見直し、管理組合の顧問、防災講座講師などを担当。『大震災に備える!! マンションの防災マニュアル』などを出版

岡田仲史　さくら事務所。1973年東京都生まれ。明治大学大学院理工学研究科建築学修士。現在、株式会社さくら事務所でマンション管理組合向けサービスに従事。NPO 法人日本ホームインスペクターズ協会・理事（Twitter ID：@esumae）

北出美由紀　どりーむ編集局 副編集長。1971年東京都生まれ。東京家政大学文学部英語英文学科卒。現在、どりーむ編集局発行のインテリア誌『DREAM』の副編集長。「美しく心豊かに住まうために」をテーマに、日本のインテリアを定点観測し続ける

奥茂謙仁　株式会社市浦ハウジング＆プランニング 取締役 東京事務所副所長。1984年東京理科大学理工学研究科修了。同年、市浦都市開発建築コンサルタンツ入社。多数の団地計画、共同住宅設計業務に従事。2008年より現職。団地再生支援協会運営委員

田中 孝　有限会社タナカ建築設備 代表取締役。1965年工学院大学建築学科設備工学コース卒、斎久工業株式会社入社。2002年9月、有限会社タナカ建築設備設立。設備設計・施工・設備耐震等のコンサル業務に従事

政井孝道　元 朝日新聞記者。1941年大阪生まれ。一橋大学経済学部卒。2001年夏まで朝日新聞記者（社会部、論説委員、編集委員など）。定年後、2004年まで紀伊民報（本社・和歌山県田辺市）編集局長。地方自治、都市計画、景観問題に関心

小玉祐一郎　神戸芸術工科大学 教授。神戸芸術工科大学教授。建築家・工学博士。建築や都市のパッシブデザイン、環境共生をテーマに研究・設計。『パッシブ建築設計手法事典』（彰国社）、『住まいの中の自然』（丸善）ほか著書多数。建築学会作品選奨、グッドデザイン賞、JIA 環境建築賞など

鶴崎敬大　株式会社住環境計画研究所 研究主幹。1973年東京都生まれ。1997年慶應義塾大学大学院 政策・メディア研究科修了。同年より住環境計画研究所にて、住宅やビルのエネルギー利用、省エネルギー、太陽エネルギー利用に関する調査・研究に従事している

竹本千之　自然エネルギー研究所。立命館大学政策科学部卒。自然エネルギー研究所。自然エネルギーのコンサルティング、二級建築士、イラストレーター

大沼正寛　東北工業大学 ライフデザイン学部 安全安心生活デザイン学科 准教授。1972年生まれ。東北大学大学院修了。博士（工学）。建築家。伝統木造などの建築設計や環境資産の保存活用を通して、東北の風土醸成に寄与する建築デザインを探究。2012年4月より現職

阿部 勤　建築家。1936年東京都生まれ。建築家。1960年早稲田大学理工学部卒業。坂倉準三建築研究所。タイ全土で学校の設計監理を担当。1971年アルテック設立。2005年には『中心のある家』を出版

藤本昌也　現代計画研究所 代表 / 日本建築士会連合会 会長。1937年旧満州新京生まれ。早稲田大学大学院修了、大高設計事務所を経て、1972年に現代計画研究所設立。2008年から日本建築士会連合会会長

寺澤達夫　全国有料老人ホーム協会 参与。東京大学建築学科卒。マサチューセッツ工科大学経営大学院卒。清水建設株式会社在職中に日本初の高齢者ケア米国合弁会社の設立に関与。以降、高齢者住宅分野を専門とする

新山直広　第6回団地再生卒業設計賞 内田賞。1985年大阪府生まれ。2009年京都精華大学芸術学部デザイン学科建築分野卒業。株式会社応用芸術研究所勤務を経て、2012年より地方公務員としてまちづくりと地場産業の振興に携わる

【関連団体ホームページ】

一般社団法人 団地再生支援協会　http://www.danchisaisei.org/
NPO 団地再生研究会　http://www.tok2.com/home/danchisaisei/
合人社計画研究所　http://www.gojin.co.jp/

団地再生に関する参考書籍

【建築と都市】

『サステナブル社会の都市計画・街づくり—EU の実務に学ぶ』
H. シュトレープ・澤田誠二・小林正美・永松栄
明治大学リバティブックス　2012

『都市田園計画の展望——「間にある都市」の思想』
トマス ジーバーツ（監訳：蓑原敬、訳：澤田誠二、渋谷和久、小林博人、村木美貴、姥浦道生）
学芸出版社　2006

『建築とモノ世界をつなぐ——モノ・ヒト・産業、そして未来』
松村秀一　彰国社　2005

【団地再生まちづくり：海外事例】

『IBA エムシャーパークの地域再生——「成長しない時代」のサスティナブルなデザイン』
永松栄　水曜社　2006

『ライネフェルデの奇跡——まちと団地はいかにしてよみがえったか』
Das Wunder von Leinefelde —— Eine Stadt erfindet sich neu（日本語版監修：澤田誠二）　水曜社　2009

【住まい・コミュニティ・まちづくり】

『コミュニティを問いなおす——つながり・都市・日本社会の未来』
廣井良典　筑摩書房　2009

『オーラル・ヒストリー多摩ニュータウン』
細野助博・中庭光彦　中央大学出版部　2010

『ニュータウン再生——住環境マネジメントの課題と展望』
山本茂　学芸出版社　2011

【団地再生の事例・手法・アイディア】

『団地再生のすすめ——エコ団地をつくるオープンビルディング』
団地再生研究会　マルモ出版　2002

『団地再生まちづくり——建て替えずによみがえる団地・マンション・コミュニティ』
NPO 団地再生研究会・合人社計画研究所　水曜社　2006

『団地再生まちづくり 2 ——よみがえるコミュニティと住環境』
団地再生産業協議会・NPO 団地再生研究会・合人社計画研究所　水曜社　2009

『CEL Vol.88』（持続可能なハウジング“団地再生”特集）
大阪ガス エネルギー・文化研究所　2009

『団地再生・まちづくり実践講座1 サステナブル時代の住環境づくりプロジェクトの進め方』
明治大学リバティアカデミー　2011

『長寿命建築へ——リファイニングのポイント』
青木茂　建築資料研究社　2012

団地再生まちづくり3

団地再生・まちづくりプロジェクトの本質

二〇一二年六月三〇日　初版第一刷

一般社団法人 団地再生支援協会
編著　NPO団地再生研究会
株式会社 合人社計画研究所

発行者　仙道 弘生
発行所　株式会社 水曜社
〒160-0022 東京都新宿区新宿一-一四-一二
電話 〇三-三三五一-八七六八
ファックス 〇三-五三六二-七二七九
www.bookdom.net/suiyosha/

印刷所　シナノ印刷株式会社
制作　株式会社 青丹社
編集協力　前川太一郎（Crayfish）
装幀　西口雄太郎

定価はカバーに表示してあります。
乱丁・落丁本はお取り替えいたします。

ISBN978-4-88065-292-4 C0052